Liebe Schülerin, lieber Schüler!

„Bin ich fit für den nächsten Rechentest?“ Wahrscheinlich hast du dich das auch schon einmal gefragt. Mit diesem Heft kannst du dich gut vorbereiten:
Nimm dir ungefähr **20 Minuten Zeit** und bearbeite einen Test mit Aufgaben, die du gerade in der Schule lernst. Lass dir, wenn nötig, die Aufgaben vorlesen. Mit dem Lösungsteil kannst du deine Ergebnisse kontrollieren. Ein Erwachsener kann dir dabei helfen. Wenn du alle deine Punkte am Ende zusammenzählst, findest du heraus, welches Bild zu deiner Leistung passt.

Sehr gut!	Gut!	Dran bleiben!	Viel üben!

Sei nicht enttäuscht, wenn einmal etwas nicht so gut klappt: Auch aus Fehlern kannst du lernen. Viel Erfolg beim nächsten Test: Bald bist du bestimmt eine Rechenkönigin oder ein Rechenkönig.

Liebe Eltern!

Kurze Tests gehören auch für die jungen Abc-Schützen schon bald zum Schulalltag dazu. Dieses Abfragen von Wissen und Können ist für die Kinder eine besondere Herausforderung, sodass es für sie eine Beruhigung sein kann, vorher zu Hause einen Test als Übung zu schreiben. Die Tests greifen alle lehrplanrelevanten Themen auf und begleiten somit die Kinder durch das ganze Schuljahr.

Vor allem in den ersten Monaten der ersten Klasse sollten Sie Ihrem Kind die **Aufgabenstellungen vorlesen**. Manche Übungsformen sind vielleicht für Ihr Kind ungewohnt, sodass eine kleine Hilfestellung zum Verständnis notwendig ist. Im Verlauf sollte sich Ihr Kind aber zunehmend selbstständig mit den Aufgaben auseinandersetzen. Nicht immer werden die Tests genau zu dem besprochenen Unterrichtsstoff passen, denn Lehrerinnen und Lehrer setzen ihre Schwerpunkte zu unterschiedlich. Wählen Sie gegebenenfalls passende Übungen aus. Wenn Ihr Kind bei Aufgaben Schwierigkeiten haben sollte, ermutigen Sie es, sich gemeinsam mit Ihnen die Lösung im **herausnehmbaren Lösungsteil** genau anzusehen.

Auf ein fröhliches und erfolgreiches Schuljahr!

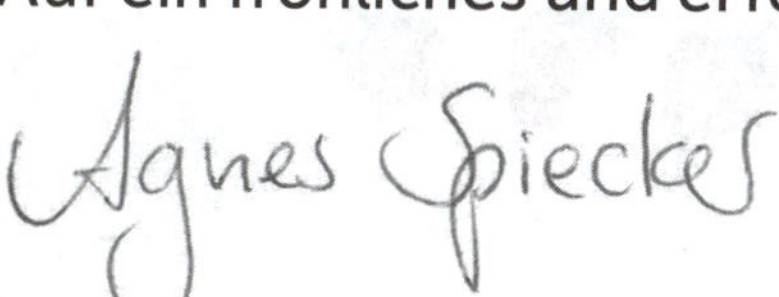

1. Zahlen bis 10: Zählen, Zahlen und Strichlisten

1 Zahlen und Buchstaben. Kreise nur die Zahlen ein.

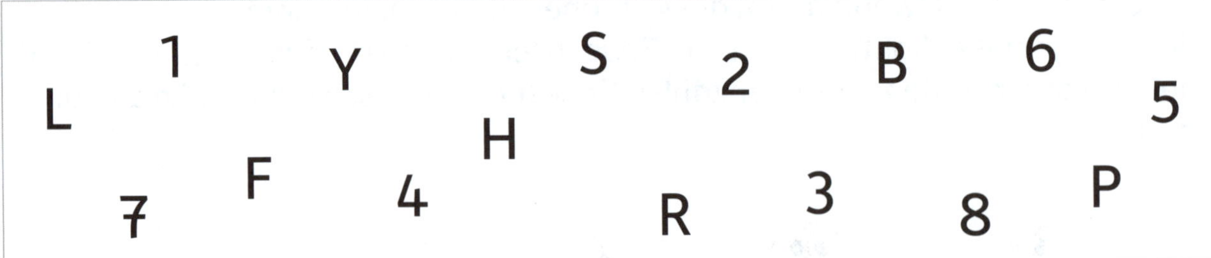

/8

2 Immer zwei Würfel haben gleich viele Punkte. Male sie mit gleicher Farbe an.

/6

3 Male Kreise passend zur Zahl an.

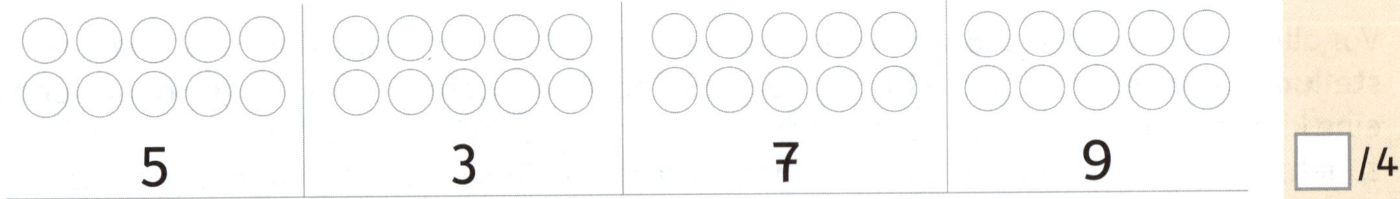

/4

4 Zähle und schreibe die passende Zahl dazu.

/4

5 **Verbinde passend: Punkte und Striche.**

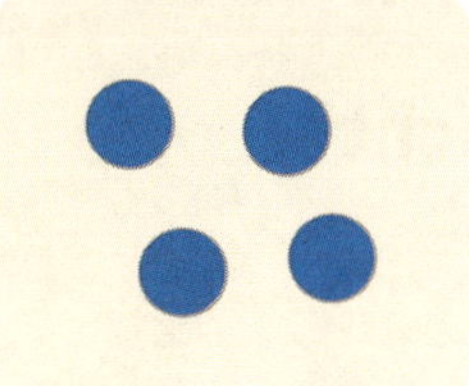 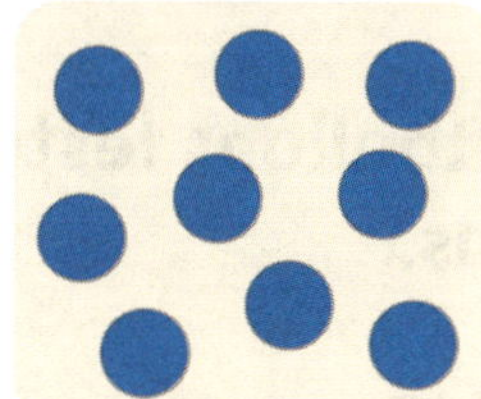  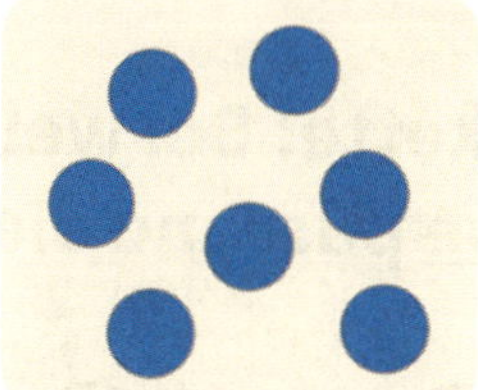

𝍸 ||||	𝍸 ||	𝍸 |	||||

☐ /4

6 **Zähle und trage ein: Striche und Zahlen.**

☐ /5

Von 31 Punkten hast du ______ erreicht.

2. Zahlen bis 10: Zählen, Zahlenreihen und Vergleiche

1 **Zahlenkette: Bei welchen Zahlen sind die Luftballons festgemacht?**
Schreibe passend die Zahlen in die Luftballons.

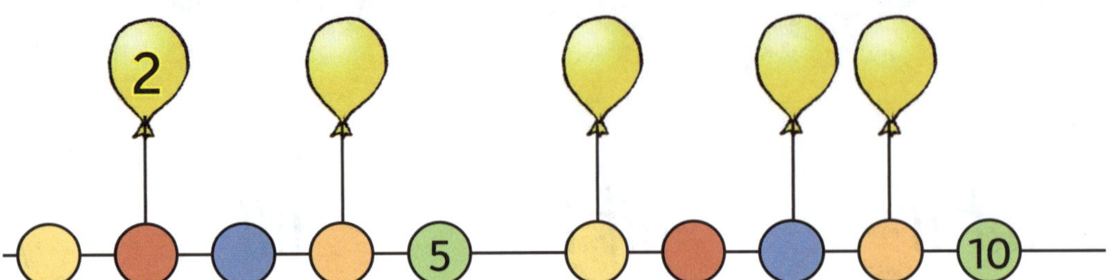

/4

2 **Wie viele ausgestreckte Finger siehst du? Zähle und trage ein.**

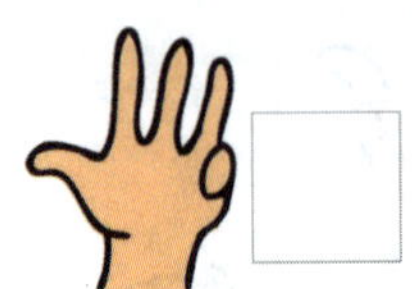

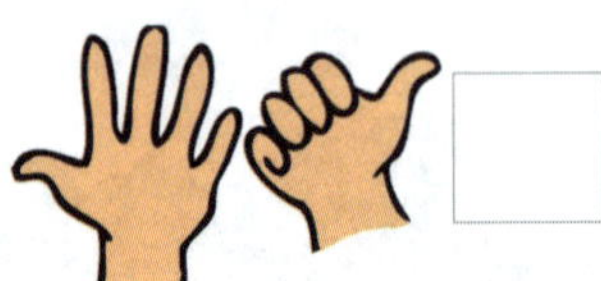

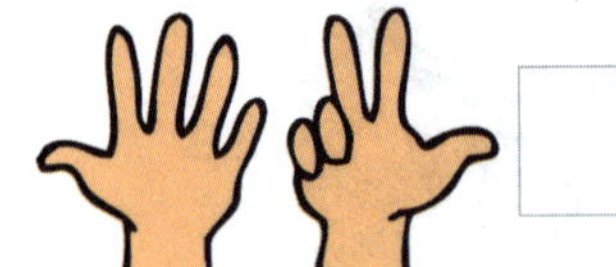

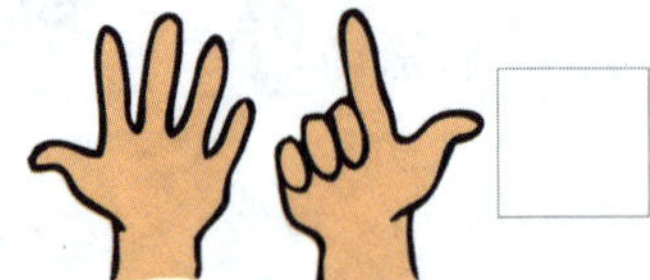

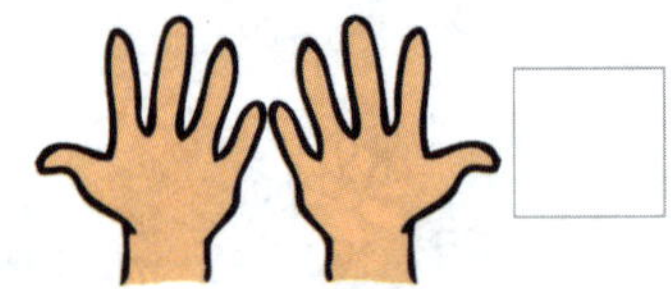

/6

3 **Nachbarzahlen: Was kommt davor, danach oder dazwischen?**

4	5	6

	7	

0		2

8		

	2	

	9	

		7

2		4

/6

4 **Zähle in 2er-Schritten: Eine Zahl wird immer ausgelassen.**

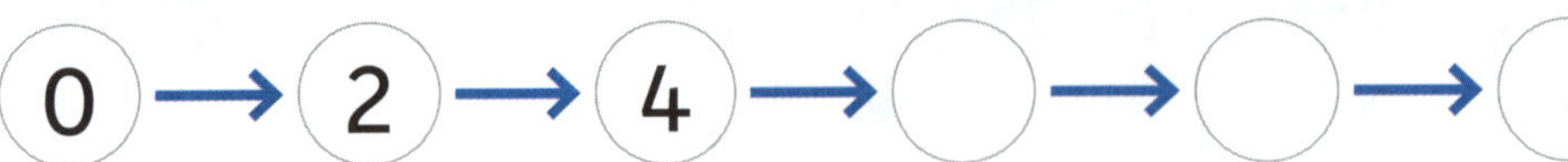

/6

5 Welche Zahl fehlt wo in der Reihe? Ergänze Zahl und Pfeil.

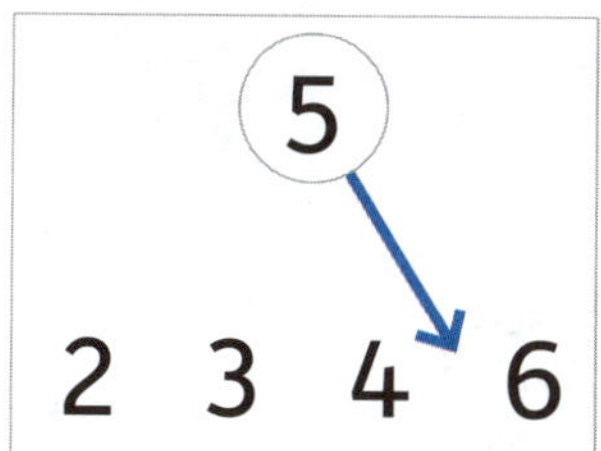

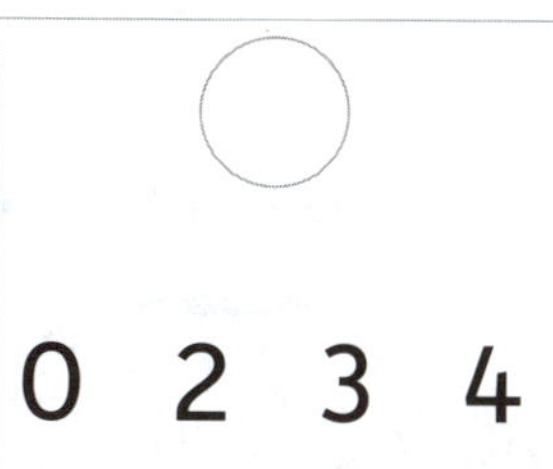

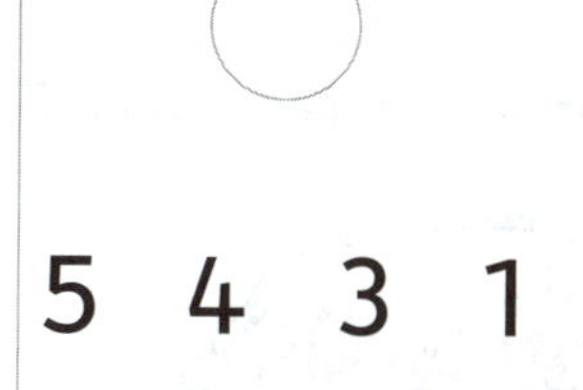

/6

6 Schreibe Zahlen und setze ein: >, < oder =.

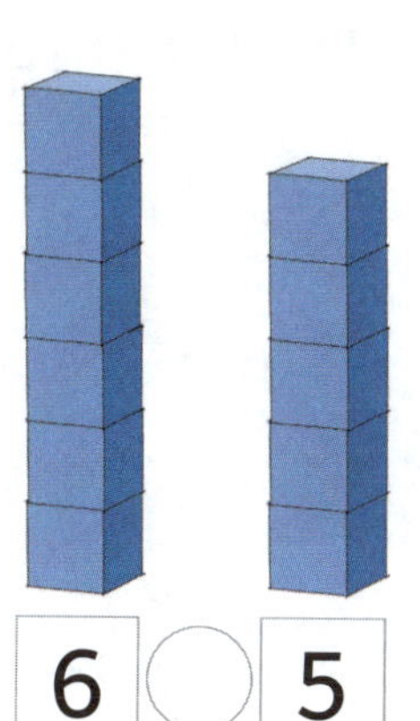

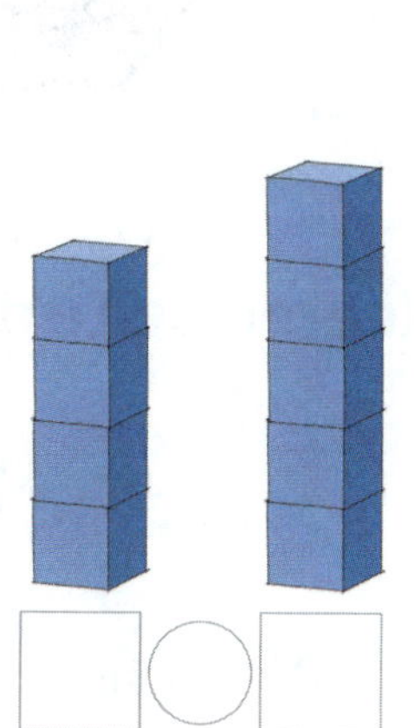

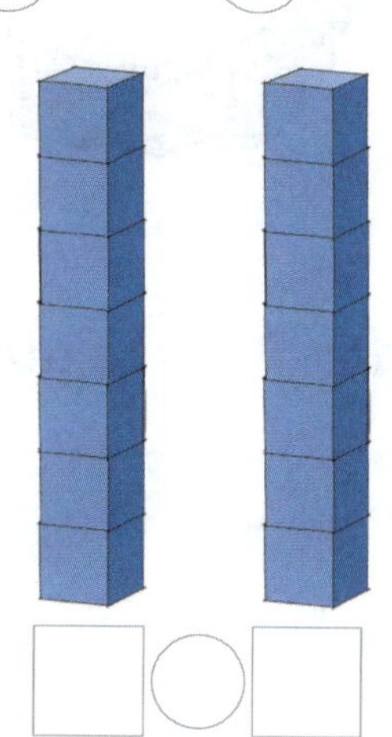

/10

7 Schreibe in den Kreis: >, < oder =.

5 ◯ 7	6 ◯ 3	4 ◯ 4	8 ◯ 0
1 ◯ 2	9 ◯ 8	3 ◯ 1	10 ◯ 10

/8

8 Welche blauen Zahlen passen nicht in das Kästchen?
Streiche sie durch. Es können mehrere sein.

6 < ☐

7 5 9 2

/3

Von 49 Punkten hast du ______ erreicht.

3. Zahlen bis 10: ergänzen und zerlegen

1 In jedem Korb fehlen Bälle. <u>Male</u> die fehlenden dazu.

☐ /3

2 Ergänze: <u>Male</u> die fehlenden Punkte auf der leeren Seite dazu.

5

5

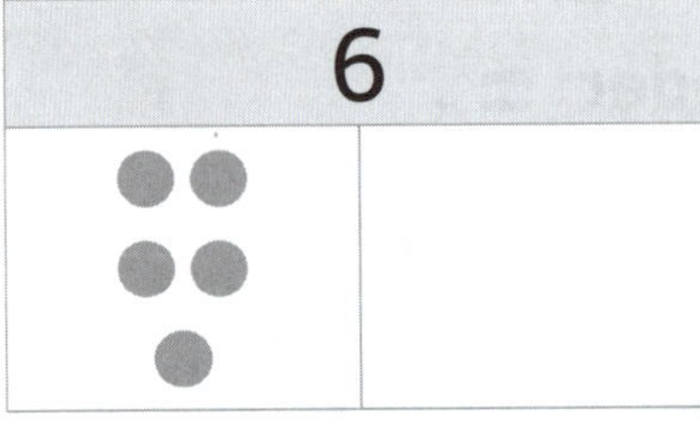

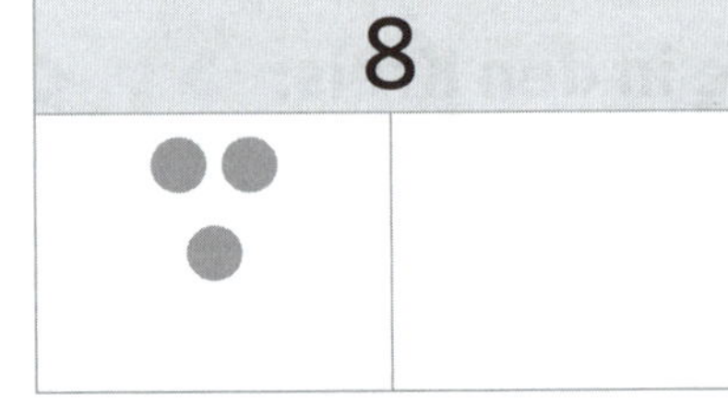

5

☐ /8

3 Immer zwei Zahlen sind <u>zusammen 9</u>. <u>Male</u> diese Zahlenpaare mit gleicher Farbe an.

4	7	3	0	2
9	1	5	8	6

☐ /5

4 Bei jedem Käfer sind auf beiden Hälften immer gleich viele Punkte. Male die Punkte auf der zweiten Hälfte dazu. Schreibe passend die Zahlen dazu und zähle sie zusammen.

/6

5 Zusammen sind es immer 7 Punkte! Verbinde passend.

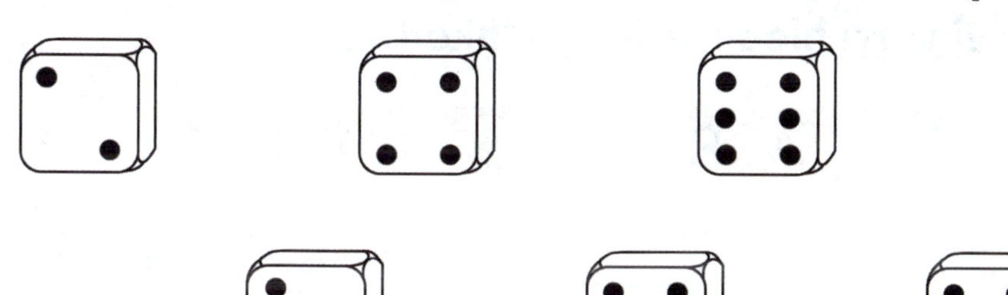

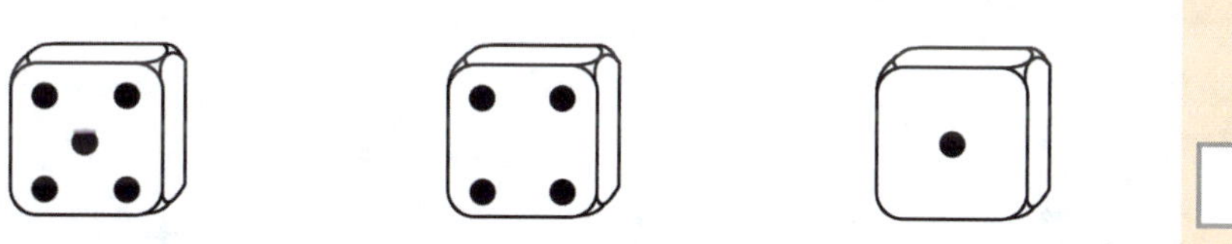

/4

6 Zwei Zahlen nebeneinander sind zusammen 10. Schreibe die fehlende Zahl dazu.

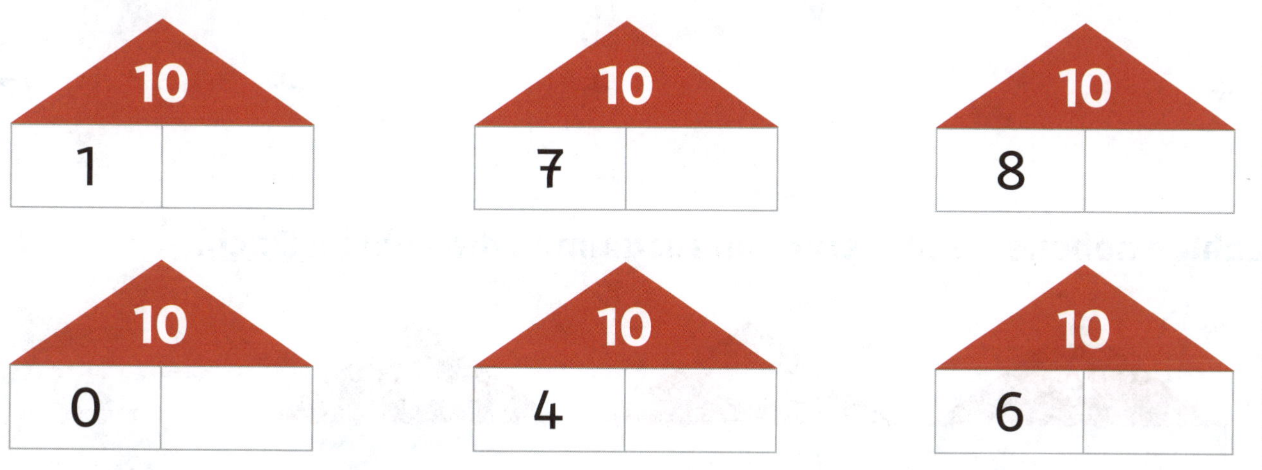

/6

Von 32 Punkten hast du ______ erreicht.

4. Plusrechnen bis 10: Zahlen zerlegen, Plusaufgaben

1 Immer 10. Ergänze passend die Formen in jedem Luftballon.

/3

2 Wie kannst du die Zahlen zerlegen? Male Punkte und schreibe eine Plusaufgabe. Finde jeweils zwei verschiedene Möglichkeiten.

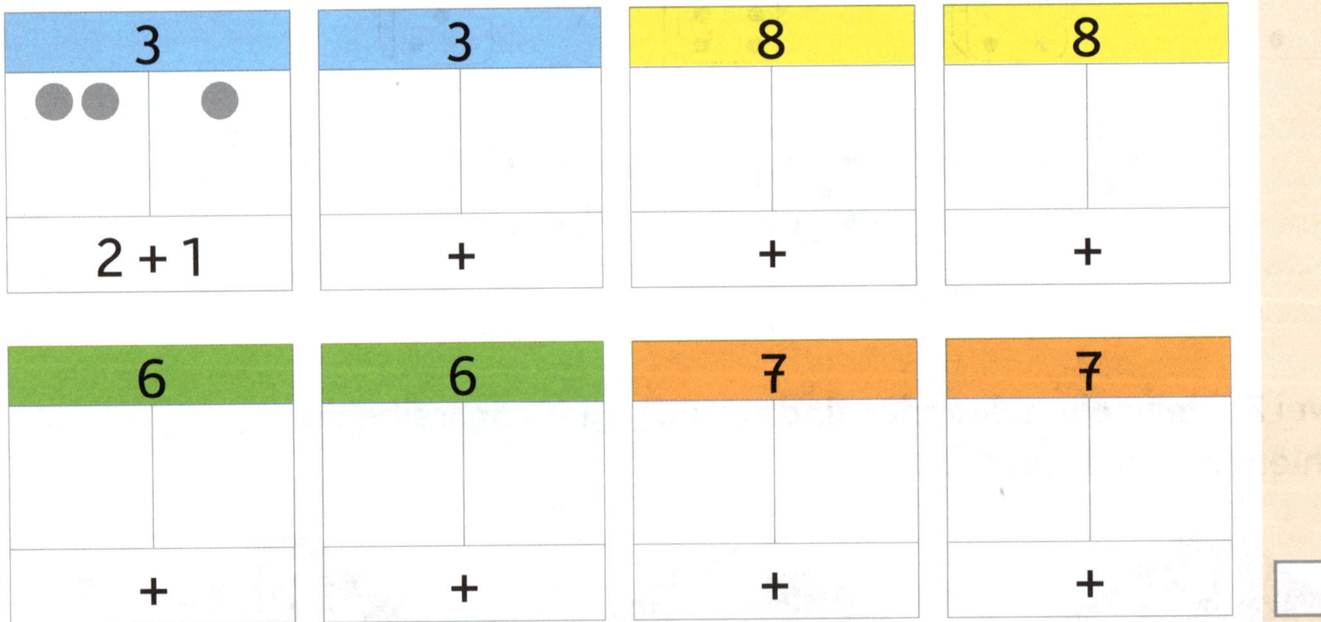

/7

3 Zwei Zahlen nebeneinander ergeben zusammen die Zahl im Dach.

/5

4 **Schreibe** passende Plusaufgaben (+) und **rechne** sie aus.

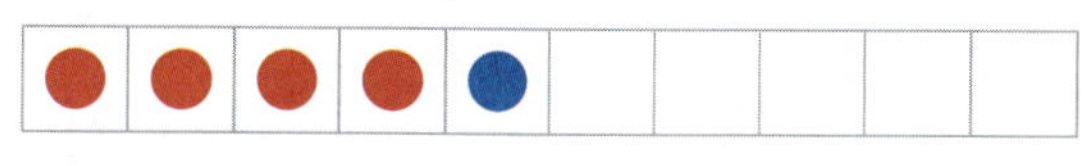

4 + 1 = ____

____

____

____

/7

5 **Male** zur Rechnung und **rechne** aus.

3 + 2 = ____

4 + 3 = ____

2 + 7 = ____

1 + 6 = ____

/7

6 **Rechne.**

5 + 2 = ____	6 + 1 = ____	3 + 6 = ____
4 + 2 = ____	7 + 2 = ____	0 + 5 = ____
3 + 1 = ____	4 + 4 = ____	2 + 7 = ____

/9

7 Wie viel **fehlt** bis zur 10? **Rechne.**

9 + ____ = 10	2 + ____ = 10	6 + ____ = 10
1 + ____ = 10	5 + ____ = 10	7 + ____ = 10

/6

Von 44 Punkten hast du ____ erreicht.

5. Rechts, links, oben, unten ...

1 Kreise ein: Wer nach rechts geht, rot, wer nach links geht, blau.

/4

2 Schreibe auf jede Hand: R für rechte Hand oder L für linke Hand.

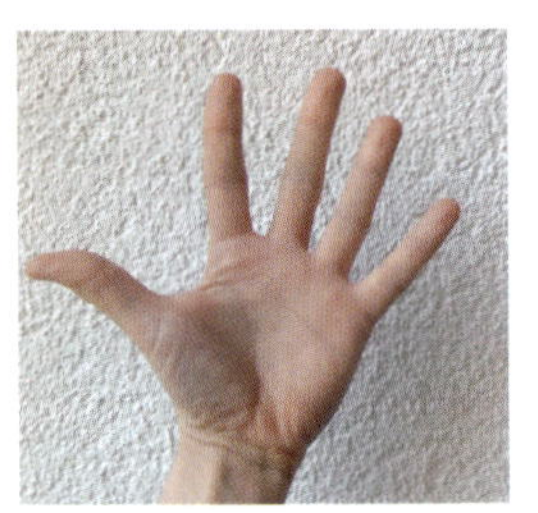

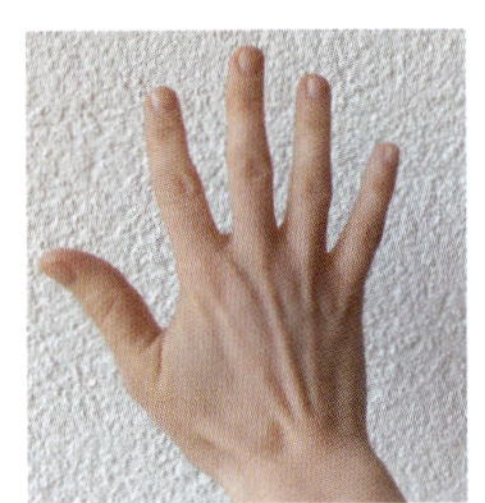

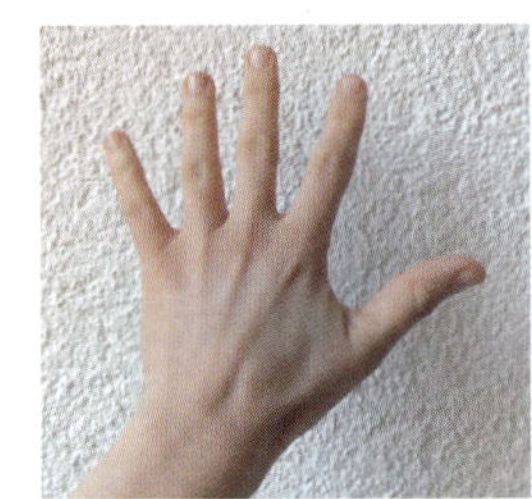

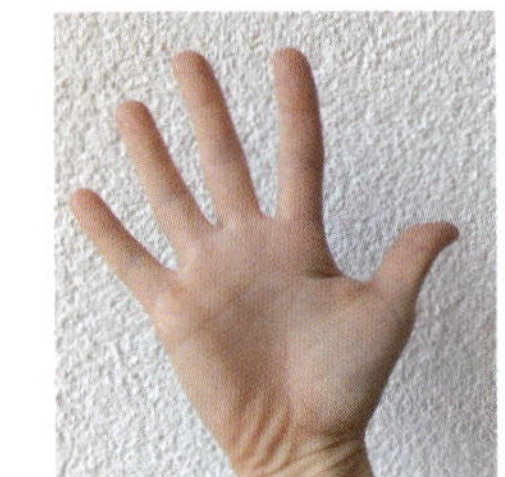

/4

3 Wo ist die Katze? Verbinde passend jedes Bild mit einer blauen Karte.

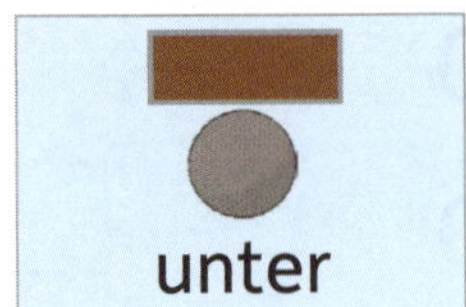

unter

hinter

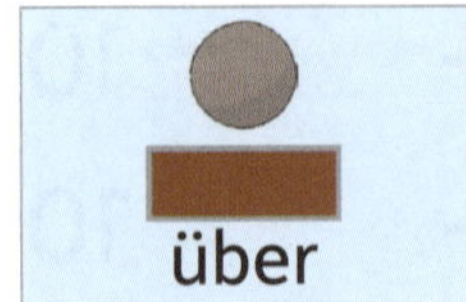

über

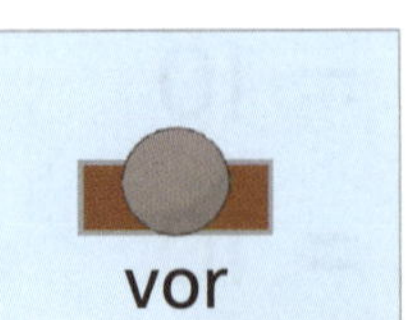

vor

/8

4

a **Hier siehst du <u>Ausschnitte</u> aus dem Regal. Ein Ding in einem Fach ist jeweils <u>anders als oben</u>. Vergleiche und <u>kreuze</u> es <u>unten</u> an ☒.**

/3

b **<u>Kreuze</u> unten passend an ☒. Schau dazu das Regal ganz oben an.**

Was ist **rechts** neben →  ?

Was ist unter ↓ 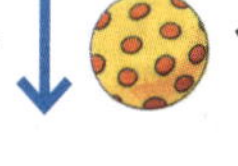 ?

Was ist **links** neben ← ?

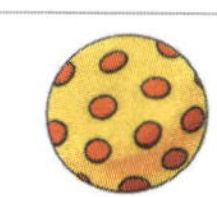

Was ist über ↑  ?

/4

c **Jeder Pfeil steht für einen Schritt im Regal: Nach oben ↑, unten ↓, rechts → oder links ←. Bei welchem Ding kommst du an? <u>Male</u> es ins Kästchen.**

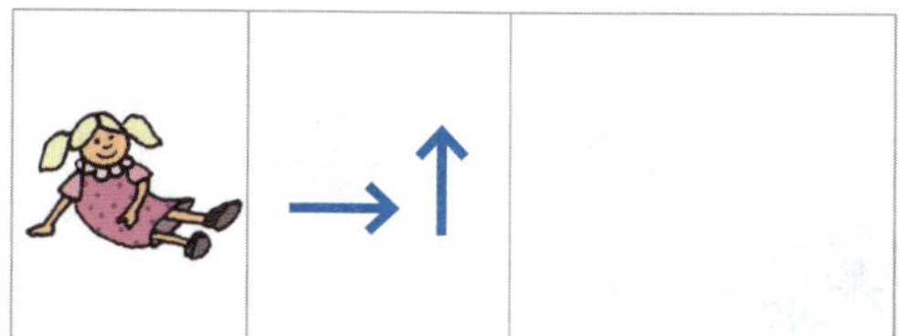
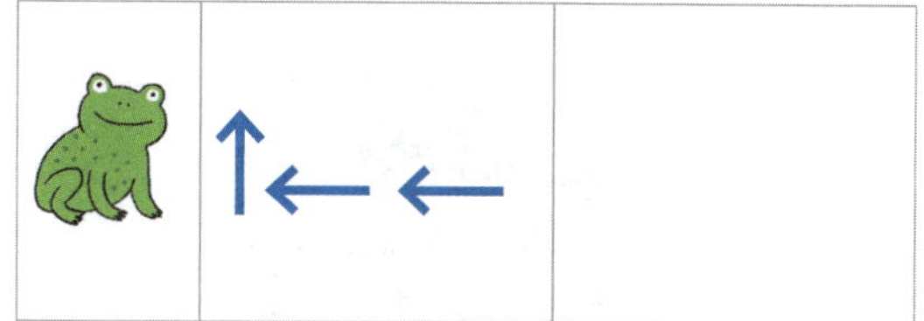

/2

Von 25 Punkten hast du ______ erreicht.

6. Plusaufgaben bis 10/Bilderaufgaben/Tauschaufgaben

1 Rechne plus. Kreise das richtige Ergebnis ein.

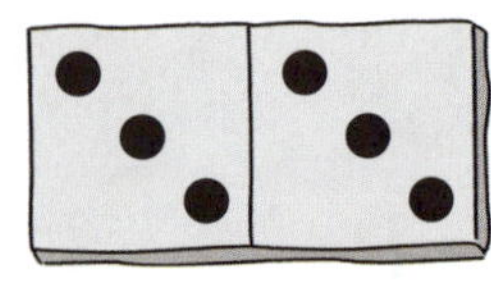
4 5 6 7

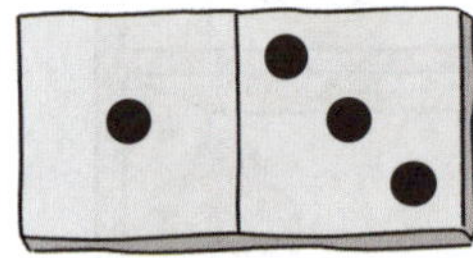
4 5 6 7

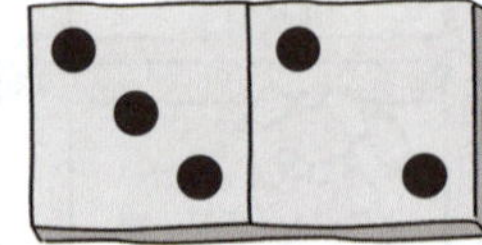
4 5 6 7

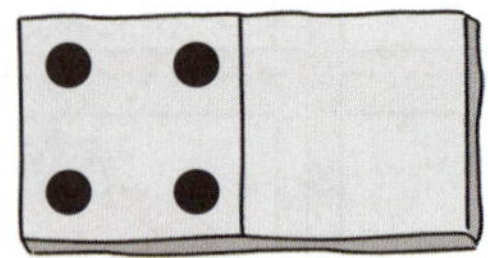
4 5 6 7

6 7 8 9

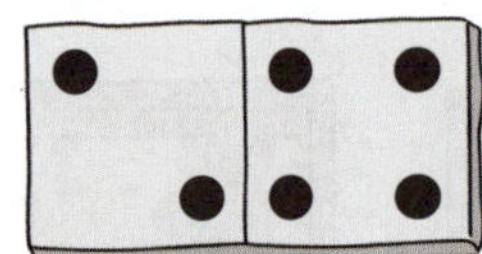
6 7 8 9

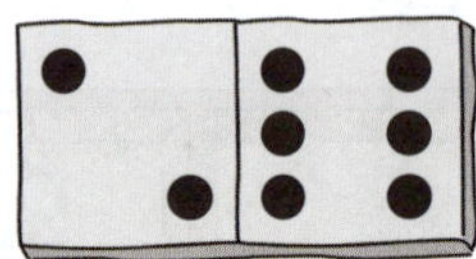
6 7 8 9

6 7 8 9

/7

2 Zusammen sind es 7 Punkte! Male Punkte. Schreibe eine Rechnung.

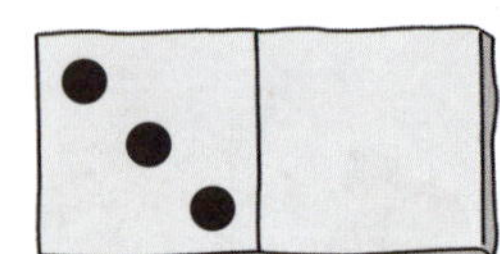
___ + ___ = 7

___ + ___ = 7

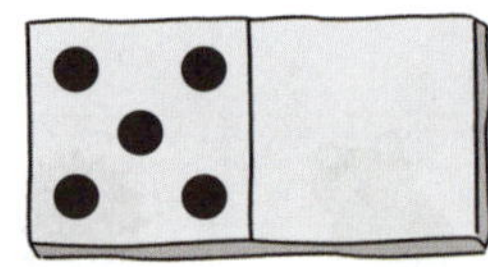
___ + ___ = 7

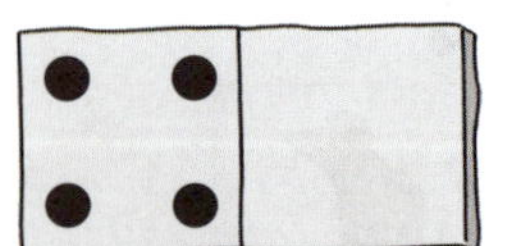
___ + ___ = 7

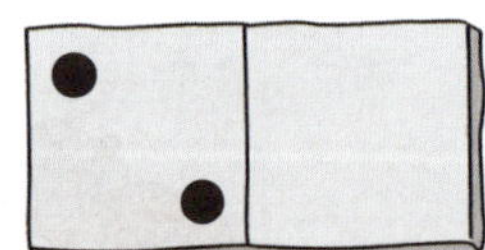
___ + ___ = 7

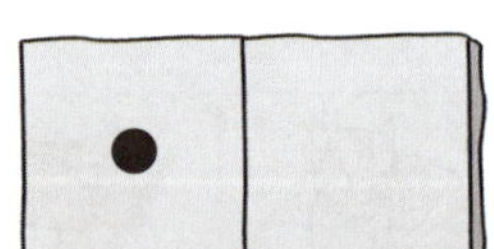
___ + ___ = 7

/6

3 Schreibe eine Plusaufgabe zu jedem Bild. Rechne sie aus.

____

____

/4

4 Verbinde jede blaue Karte mit dem passenden Ergebnis in der Mitte.

3 + 4 | 6 + 2 | 5 + 4 | 5 + 2 | 8 + 1

7 | 8 | 9

3 + 6 | 1 + 7 | 0 + 8 | 2 + 5 | 2 + 7

/10

5 Rechne und schreibe die Tauschaufgabe dazu. Rechne auch sie aus.

3 + 2 = ___ ⟵ Tauschaufgabe ⟶ 2 + 3 = ___

4 + 1 = ___ ⟵ Tauschaufgabe ⟶ ___ + ___ = ___

2 + 5 = ___ ⟵ Tauschaufgabe ⟶ ___ + ___ = ___

6 + 3 = ___ ⟵ Tauschaufgabe ⟶ ___ + ___ = ___

/11

6 Rechne.

5 + 1 = ___	7 + 2 = ___	1 + 9 = ___
6 + 2 = ___	9 + 1 = ___	4 + 5 = ___
2 + 1 = ___	4 + 3 = ___	3 + 6 = ___

/ 9

Von 47 Punkten hast du ___ erreicht.

7. Minusaufgaben bis 10/Bilderaufgaben/Umkehraufgaben

1 **Streiche durch** und **rechne** aus.

6 – 2 = 4 | 6 – 3 = ___ | 6 – 5 = ___

7 – 1 = ___ | 7 – 6 = ___ | 7 – 4 = ___

8 – 4 = ___ | 8 – 6 = ___ | 8 – 7 = ___

/8

2 **Schreibe** Minusaufgaben zu den Bildern. **Rechne** sie aus.

8 – ___ = ___

___

/4

3 **Male** Aufgaben mit dem Ergebnis 2 rot, 3 blau und 4 grün an.

5 – 2 | 4 – 1 | 7 – 4

8 – 5 | 8 – 4 | 9 – 7 | 6 – 4

6 – 3 | 6 – 2 | 3 – 1

/9

4 **Wie gehen die Reihen weiter? Ergänze und rechne aus.**

6 – 1 = ___ 8 – 5 = ___ 9 – 0 = ___

6 – 2 = ___ 7 – 5 = ___ 8 – 1 = ___

6 – ___ = ___ 6 – ___ = ___ 7 – ___ = ___

/12

5 **Rechne.**

2 – 1 = ___ 7 – 4 = ___ 9 – 5 = ___

4 – 1 = ___ 8 – 0 = ___ 9 – 7 = ___

3 – 1 = ___ 5 – 3 = ___ 9 – 9 = ___

/9

6 **Verbinde jeden Luftballon mit dem passenden Ergebnis.**

1

3 4 5 6

/6

7 **Rechne aus. Ergänze die Umkehraufgabe. Achte auf + und –.**

8 – 1 = 7 7 – 3 = ___ 9 – 6 = ___

7 + 1 = 8 ___ ○ ___ = ___ ___ ○ ___ = ___

6 + 2 = ___ 2 + 4 = ___ 3 + 7 = ___

___ – ___ = ___ ___ ○ ___ = ___ ___ ○ ___ = ___

/10

Von 58 Punkten hast du ______ erreicht.

8. Rechnen bis 10

1 **Rechentabelle: plus und minus.**

+	4	2	3
4	8		
6			

–	5	3	6
9	4		
7			

/10

2 **Welches Bild passt zu welcher Rechnung? Verbinde.**

3 + 4 | 1 + 5 | 2 + 6 | 4 + 2 | 3 + 3 | 7 + 1

/5

3 **Schreibe passende Minusaufgaben dazu und rechne sie aus.**

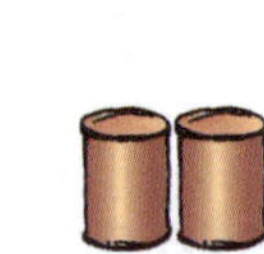
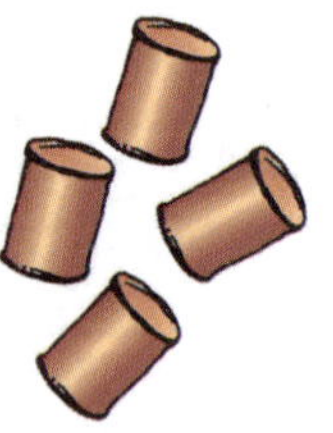

6 – 2 = 4

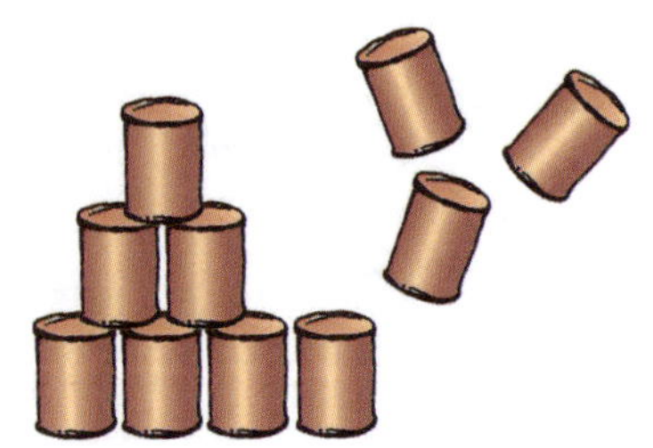

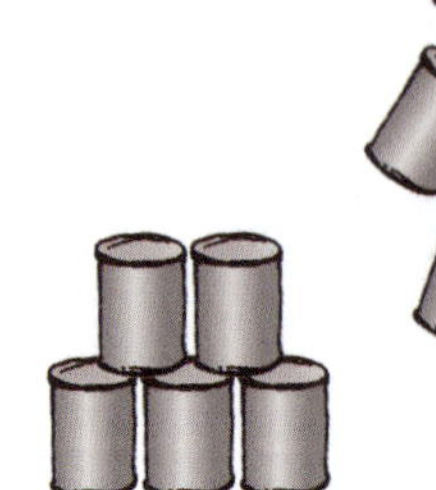

/5

4 **Rechenketten: Ergänze alle Lücken.**

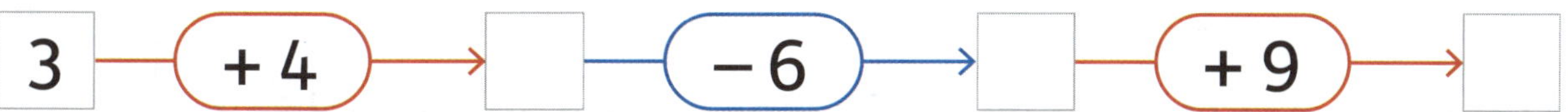

9 → (− 5) → ___ → (+ 3) → ___ → (− 2) → ___

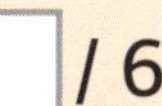

5 **Was gehört in die Lücke? Rechne. Achte auf plus und minus.**

4 + ___ = 5 9 − ___ = 7

3 + ___ = 6 7 − ___ = 2

2 + ___ = 9 8 − ___ = 5

5 + ___ = 8 9 − ___ = 1

☐ / 8

6 **Zahlenrätsel: Rechne. Lass dir die Aufgaben vorlesen.**

☐ / 4

Von 38 Punkten hast du ______ erreicht.

9. Rechnen bis 10

1 **Wie viele Eier fehlen? Schreibe Plusaufgaben zu den Eierschachteln.**

8 + 2 = 10   ___ + ___ = 10   ___ + ___ = 10

___ + ___ = 10   ___ + ___ = 10   ___ + ___ = 10

☐ / 5

2 **Rechenräder: Rechne + von innen nach außen.**

Mitte: 4 – innen: 3, 1, 0, 4, 6, 5 – außen: 5

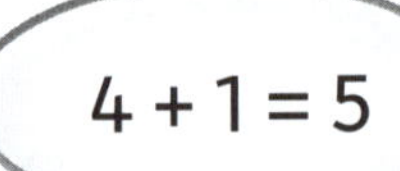

Mitte: 3 – innen: 6, 2, 3, 7, 5, 1

☐ /11

3 **Rechne Minusaufgaben.**

4 – 2 = ___   8 – 5 = ___   6 – ___ = 2

7 – 3 = ___   8 – 0 = ___   9 – ___ = 4

3 – 3 = ___   5 – 3 = ___   7 – ___ = 0

☐ /9

4 Halbiere die Zahl im Dach.

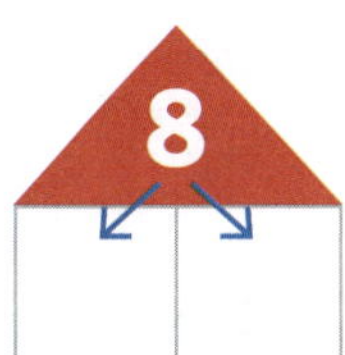
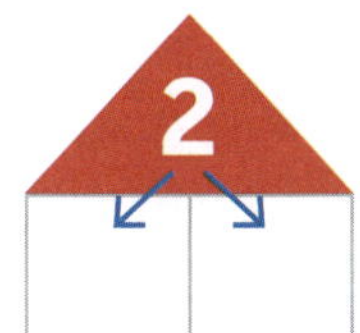

/ 4

5 Größer, kleiner oder gleich? Schreibe in den Kreis: >, < oder =.

3 + 2 ◯ 4   7 – 4 ◯ 2   4 + 6 ◯ 9

5 – 2 ◯ 3   2 + 6 ◯ 8   9 – 3 ◯ 7

/ 6

6 Aufgabenfamilie: 3 Zahlen für 4 Rechnungen.
Denke an Tauschaufgabe und Umkehraufgabe. Schreibe auf.

7 2 9

2 + 7 = ___

___ + ___ = ___

___ – ___ = ___

___ – ___ = ___

5 3 8

___ + ___ = ___

___ + ___ = ___

___ – ___ = ___

___ – ___ = ___

/ 8

7 Bus spielen: Schreibe eine Rechnung zu jedem Bild. Rechne aus.

____

____

/ 4

Von 47 Punkten hast du ______ erreicht.

10. Rechnen mit Geld bis 10

1 Wie viele € sind im Sparschwein? Zähle.

€ € €

/ 3

2 Immer 5 €: Zeichne Geld. Finde drei verschiedene Möglichkeiten.

/ 3

3 Wie viel fehlt bis 10 ct? Zeichne Münzen dazu.

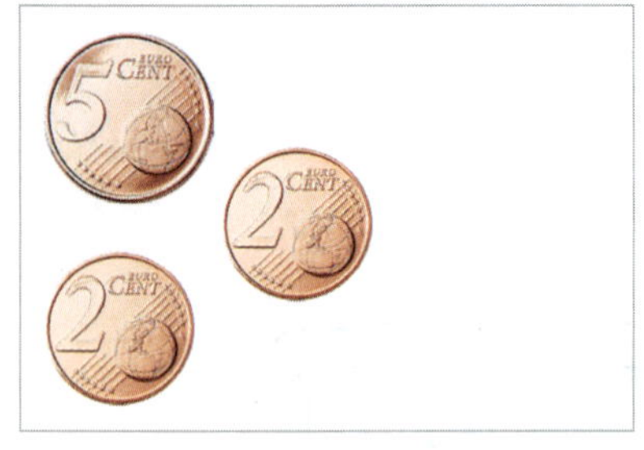

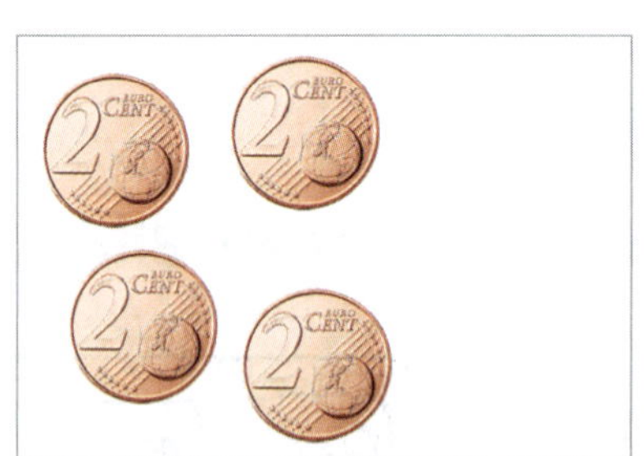

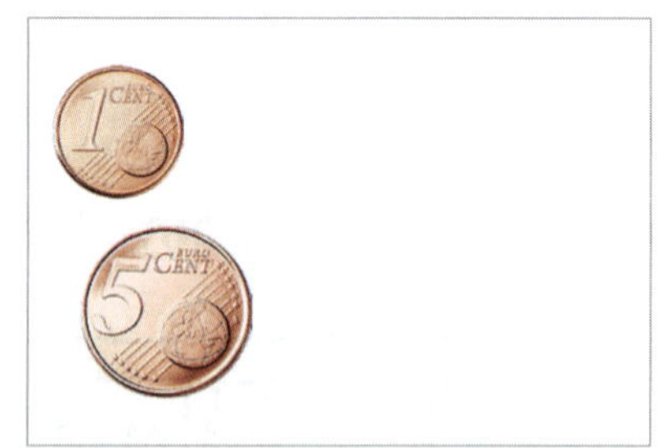

/ 3

4 Mehr, weniger oder gleich viel Geld? Zähle. Setze ein: >, < oder =.

€ ◯ €

€ ◯ €

/ 6

5 Auf dem Flohmarkt:

Was kostet zusammen 6 €?
Kreuze an: ☒.

Was kostet zusammen 8 €?
Kreuze an: ☒.

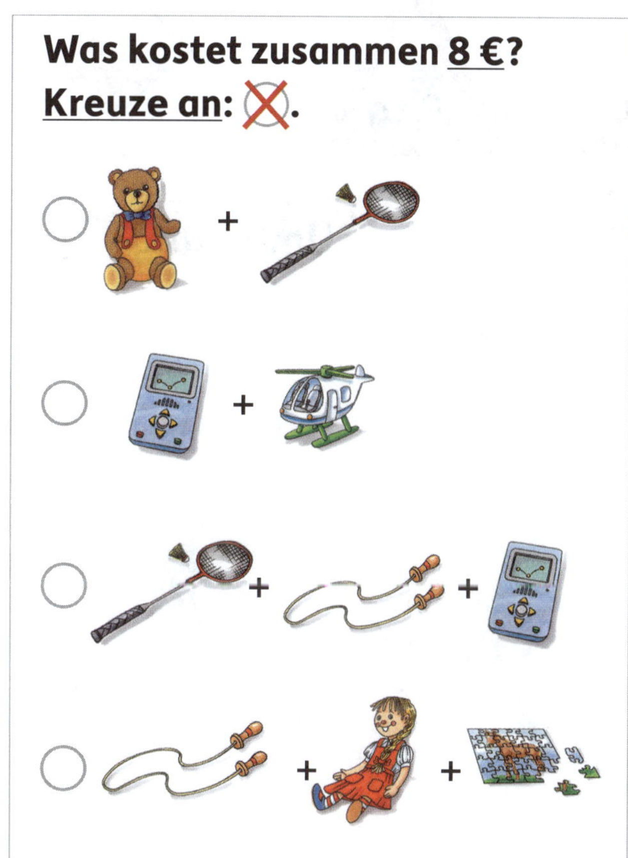

/ 8

Hanna bezahlt 10 €. Was könnte sie gekauft haben? Kreuze an: ☒.

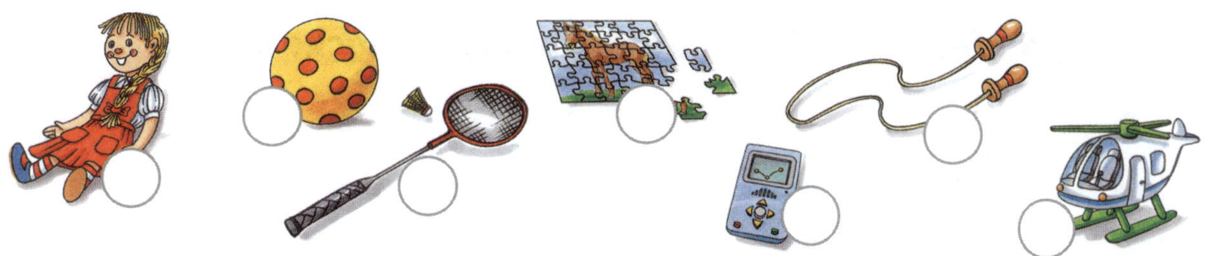

/ 1

Von 24 Punkten hast du ______ erreicht.

11. Flächenformen

1 **Kreise ein:**
Dreiecke blau ▲, Kreise grün ●, Rechtecke rot ▬, Quadrate gelb ■.
Achtung: Es sind auch andere Formen dabei. Kreise sie nicht ein.

/ 9

2 **Welche Flächenform haben diese Dinge von unten?**
Verbinde passend.

/ 5

3 **Zeichne das Quadrat fertig.** **Zeichne mit Lineal 2 Dreiecke ein.**

/ 3

4 **Zähle die Formen. Achtung: Manche sind zum Teil versteckt. Trage ein.**

/ 6

5 **Zeichne den Hund genauso in das Punktefeld daneben.**

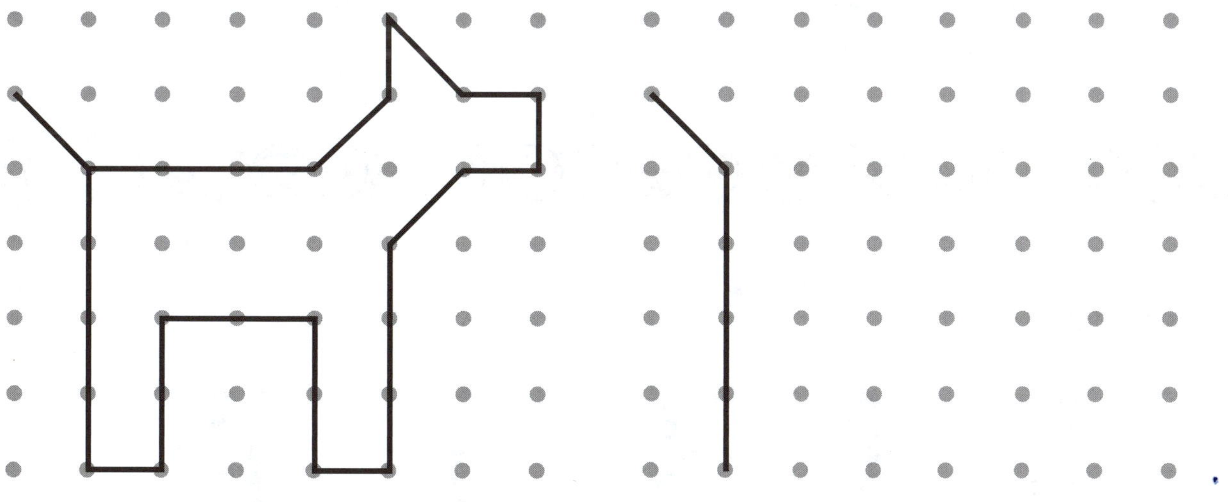

/ 2

6 **Zeichne das Muster um 3 Formen weiter. Überlege genau.**

/ 3

Von 28 Punkten hast du ______ erreicht.

12. Zahlen bis 20

1 Schreibe alle fehlenden Zahlen auf die Uhr.

/ 4

2 Schreibe die passenden Zahlen in die Luftballons.

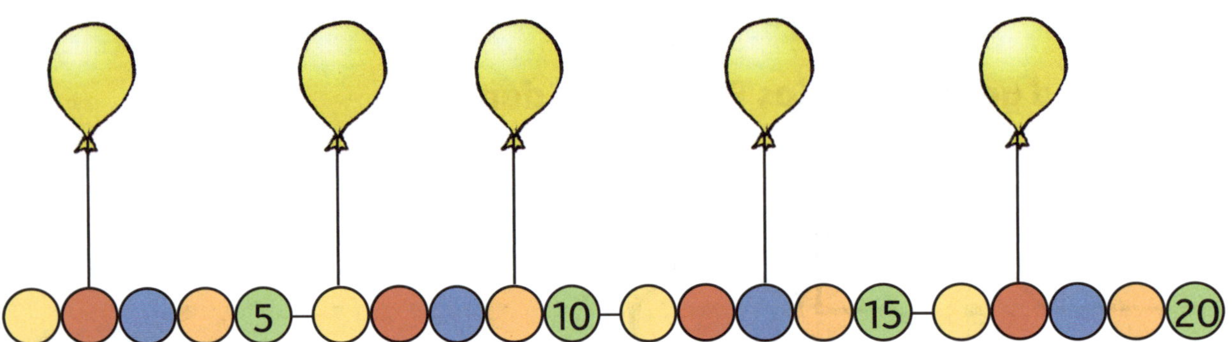

/ 5

3 Verbinde passend.

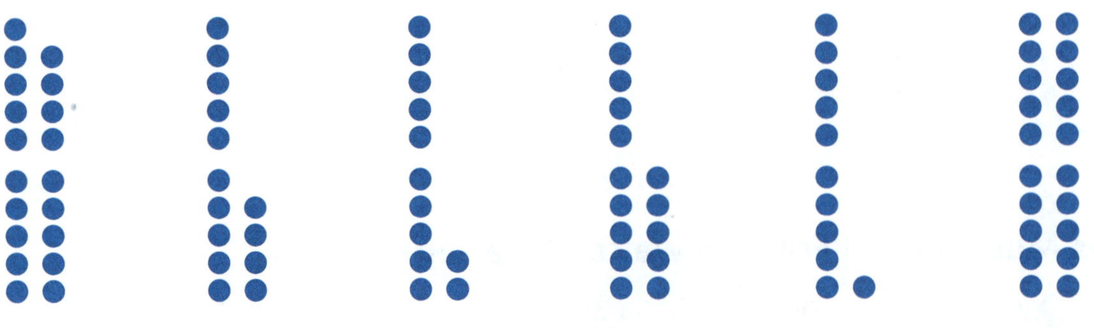

14 12 19 20 15 11

/ 6

4 Wie viele sind es? Kreise zuerst immer 10 ein. Schreibe die Zahl auf.

Z	E

Z	E

Z	E

Z	E

/ 4

5 Schreibe die Nachbarzahlen auf.

11	12	

	15	16

	18	

	10	

18		

8		

		12

		20

/ 7

6 Schreibe in den Kreis: ⟩, ⟨ oder =.

15 ◯ 17 18 ◯ 13 14 ◯ 14 19 ◯ 16

10 ◯ 20 11 ◯ 9 0 ◯ 10 16 ◯ 18

/ 8

Von 34 Punkten hast du ______ erreicht.

13. Ordnungszahlen/Zahlen bis 20

1 **Menschenschlange: Wer läuft als Erstes, als Zweites, als Drittes, als Viertes … ? Schreibe passend in die Kästchen: 1., 2., 3. …**

/ 5

2 **Verbinde die Luftballons passend mit der Zahlenkette.**

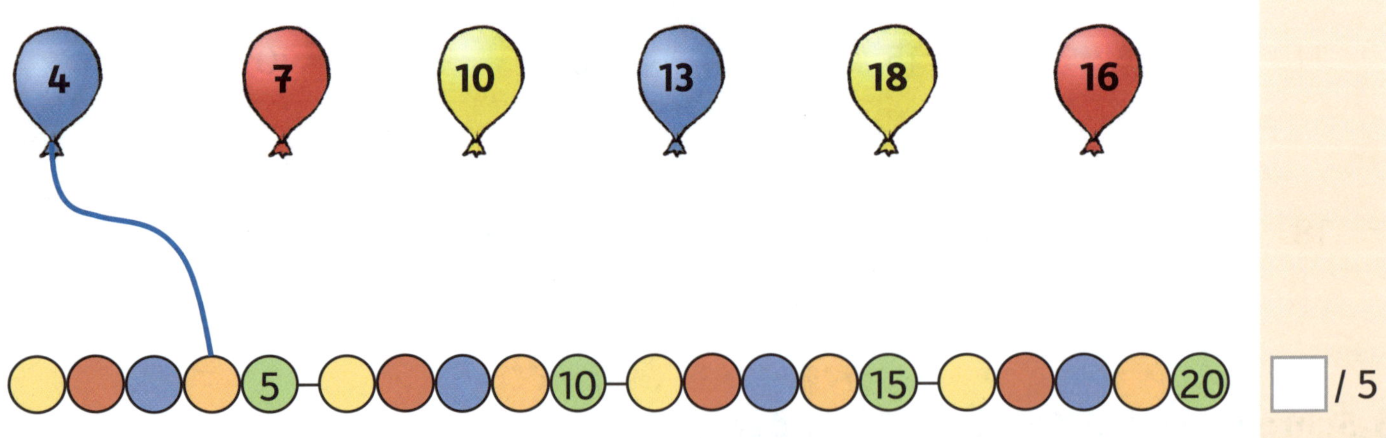

/ 5

3 **Zahlenreihen: Ergänze die fehlenden Zahlen.**

/ 5

81

Tests in Mathe

Lernzielkontrollen 1. Klasse

Lösungen und Rechenbüchlein

Dieser Lösungsteil ist herausnehmbar!
Klammern in der Mitte des Heftes öffnen!

Lösungen

1. Zahlen bis 10: Zählen, Zahlen und Strichlisten

1

L (1) Y S (2) B (6) (5) H F (4) R (3) (8) P (7)

Ziehe für jeden falschen oder fehlenden Kreis 1P ab.

2

3

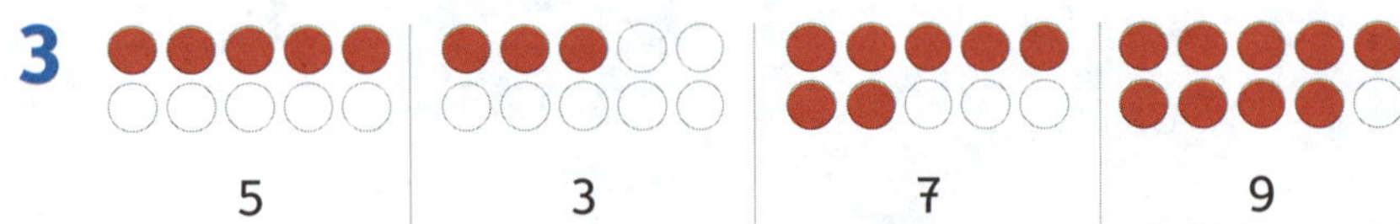

5	3	7	9

Welche Punkte du angemalt hast, ist egal. Die Anzahl muss stimmen.

4

4	2	6	8

5

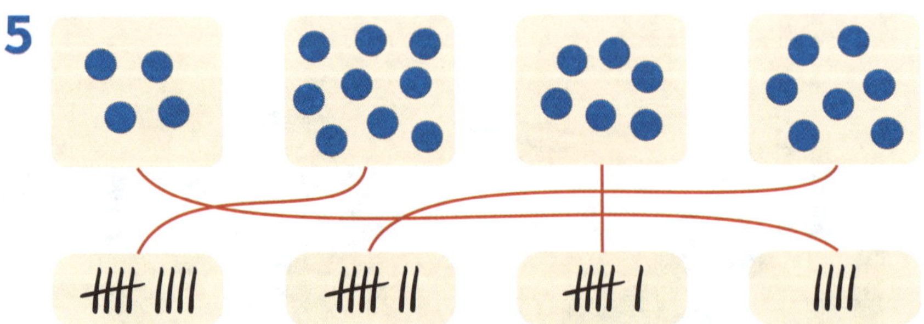

6

6	2	8	5	1	3

jeweils richtige Striche = 1/2 P

jede richtige Zahl = 1/2 P

Punkte	31-28	27,5-24	23,5-20	19,5-0
Wissensstand				

2. Zahlen bis 10: Zählen, Zahlenreihen und Vergleiche

1

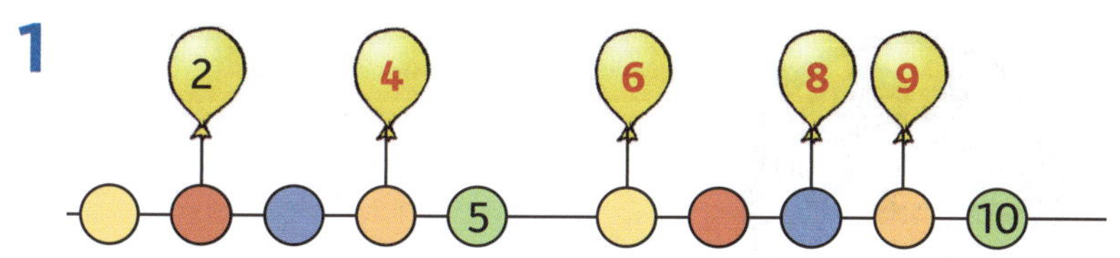

2

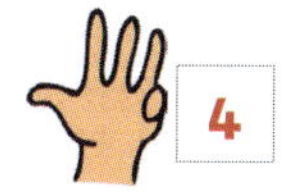 4

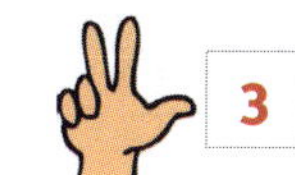 3

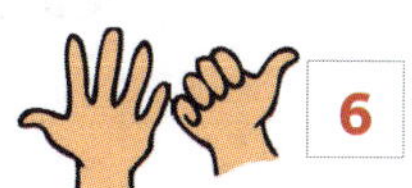 6

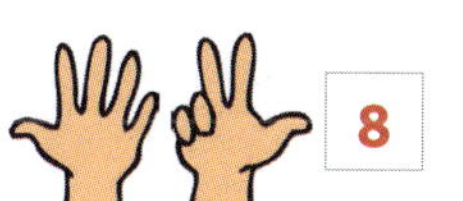 8

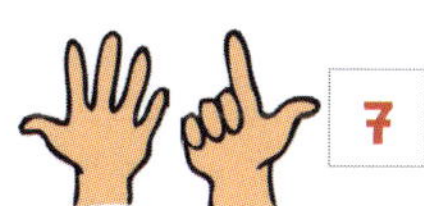 7

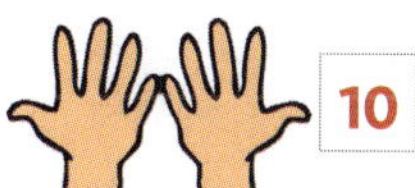 10

3

4	5	6
1	2	3

6	7	8
8	9	10

0	1	2
5	6	7

8	9	10
2	3	4

jede richtige Zahl = 1/2 P

4

0 → 2 → 4 → 6 → 8 → 10

1 → 3 → 5 → 7 → 9

5

5
2 3 4 6

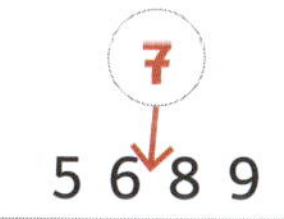

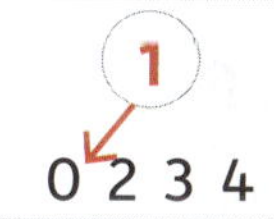

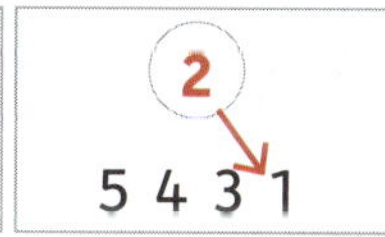

jede richtige Zahl = 1P
jeder richtige Pfeil = 1P

6

6 > 5

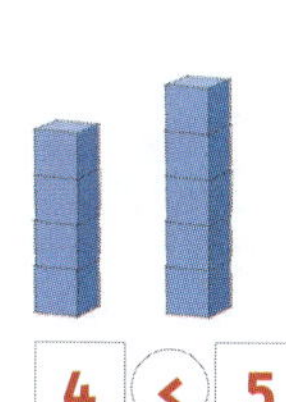

4 < 5

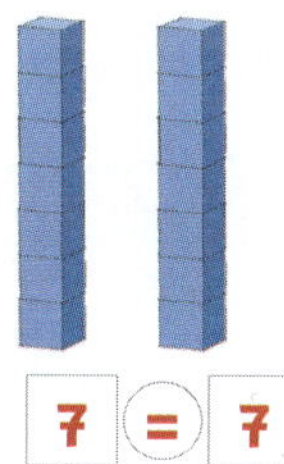

7 = 7

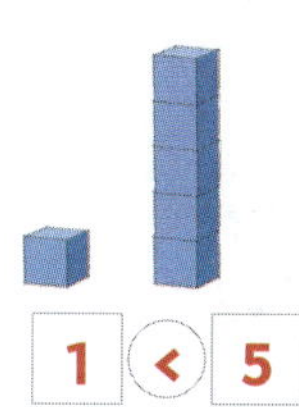

1 < 5

jede richtige Zahl = 1P
jedes richtige Zeichen = 1P

7

5 < 7	6 > 3	4 = 4	8 > 0
1 < 2	9 > 8	3 > 1	10 = 10

8

4 < ☐
~~1~~ ~~3~~ 5 7

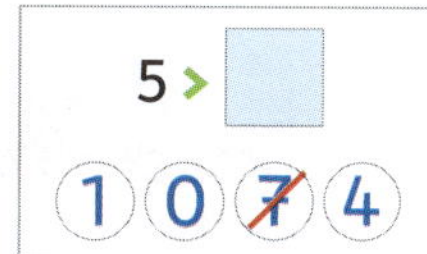

jede vollständig richtige Aufgabe = 1P

Punkte	49-45	44,5-39	38,5-31,5	31-0
Wissensstand				

3. Zahlen bis 10: ergänzen und zerlegen

1

2

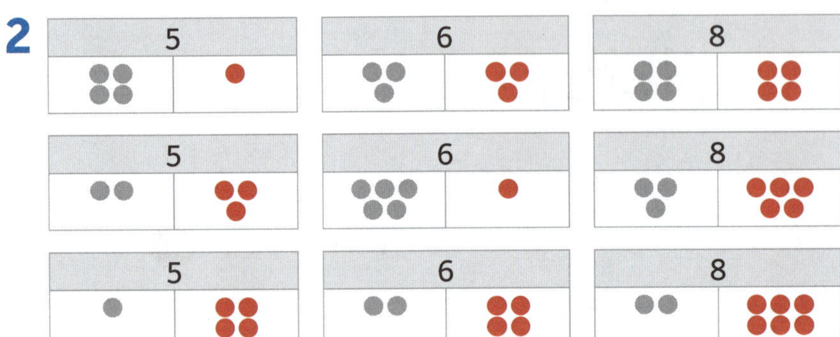

3

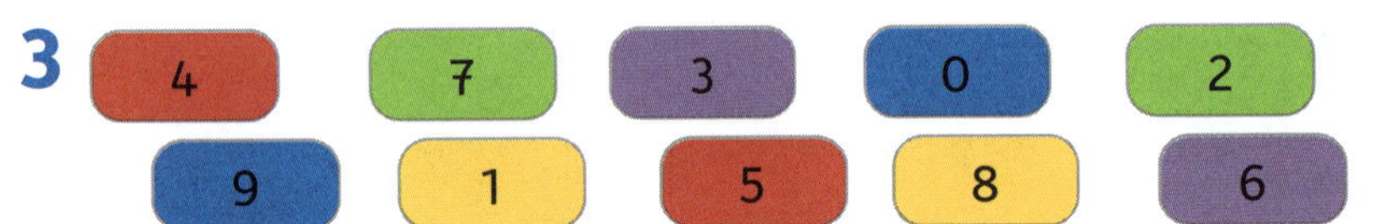

4

jeweils Punkte und Zahlen zusammen = 1P

jede Ergebniszahl = 1P

5

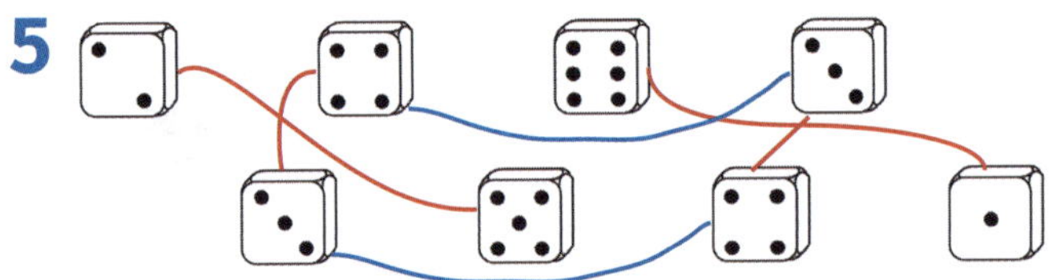

Die blauen Linien sind eine zweite Möglichkeit.

6

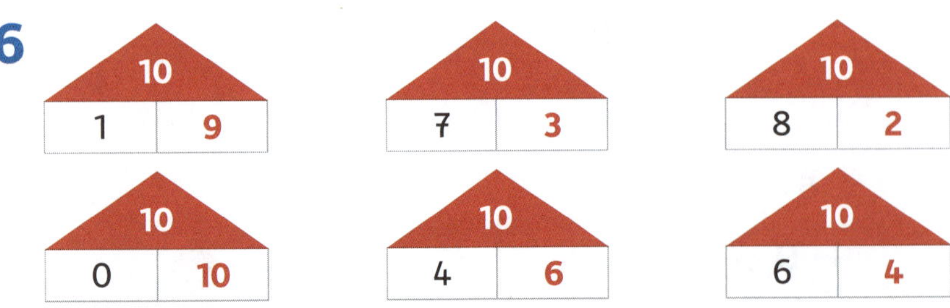

Punkte	32-29	28-25	24-20	19-0
Wissensstand				

4. Plusrechnen bis 10: Zahlen zerlegen, Plusaufgaben

1

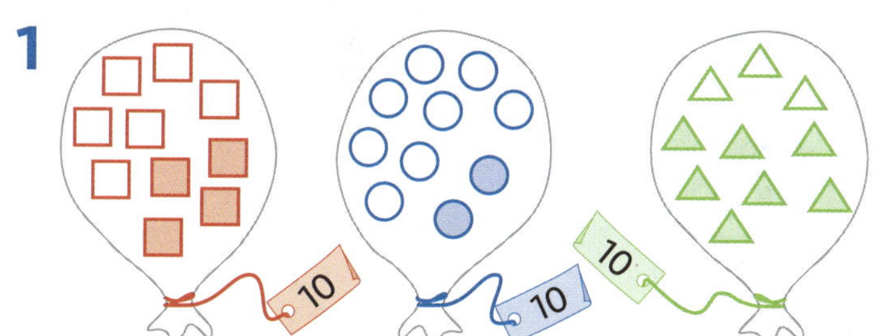

2

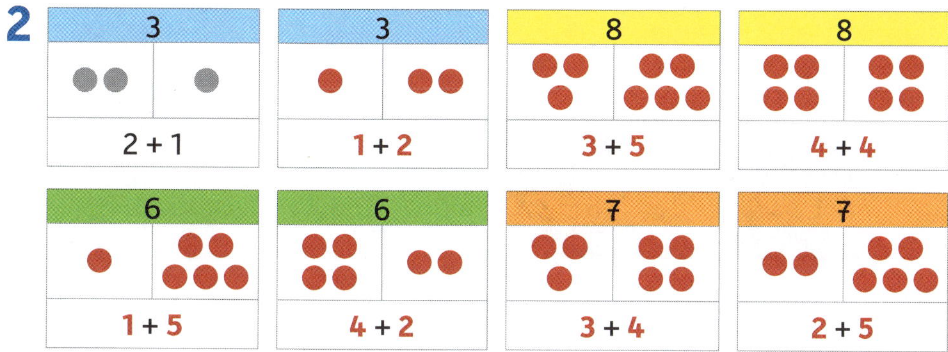

Das sind Beispiele! Du kannst auch andere Lösungen gefunden haben.

jeweils gemalte Punkte = 1/2 P

jede Rechnung = 1/2 P

3

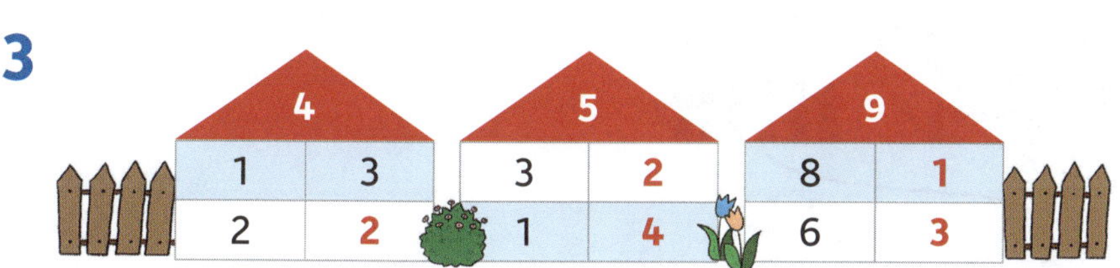

4

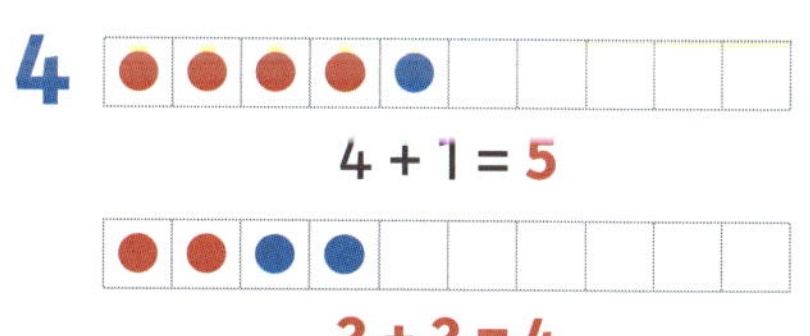

4 + 1 = 5

2 + 2 = 4

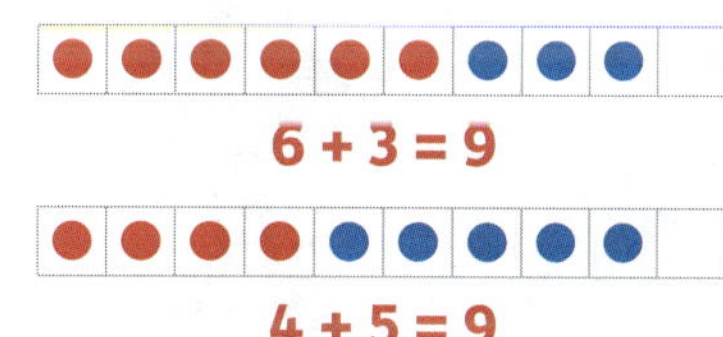

6 + 3 = 9

4 + 5 = 9

jede Rechnung = 1P

jedes Ergebnis = 1P

5

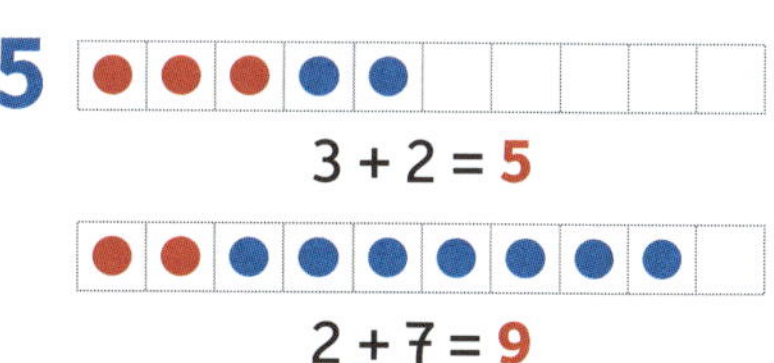

3 + 2 = 5

2 + 7 = 9

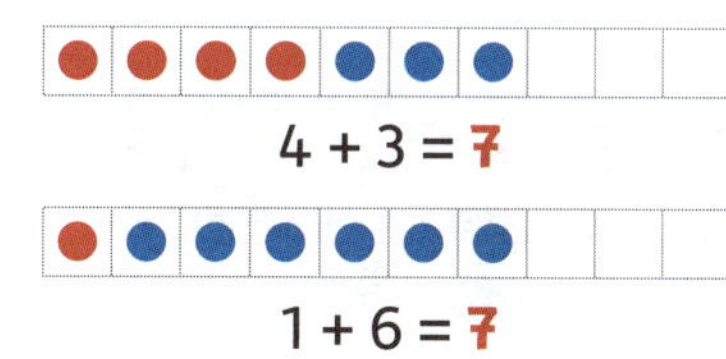

4 + 3 = 7

1 + 6 = 7

jeweils gemalte Punkte = 1P

jedes Ergebnis = 1P

6

5 + 2 = 7	6 + 1 = 7	3 + 6 = 9
4 + 2 = 6	7 + 2 = 9	0 + 5 = 5
3 + 1 = 4	4 + 4 = 8	2 + 7 = 9

7

9 + 1 = 10	2 + 8 = 10	6 + 4 = 10
1 + 9 = 10	5 + 5 = 10	7 + 3 = 10

Punkte	44-40	39,5-35	34,5-28,5	28-0
Wissensstand				

5. Rechts, links, oben, unten ...

1

2

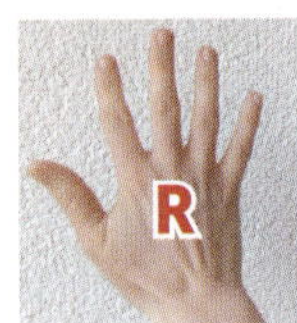

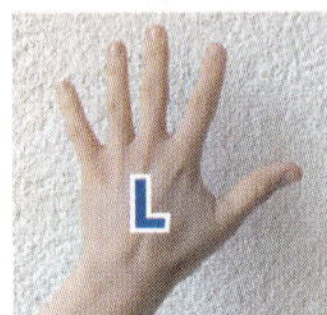

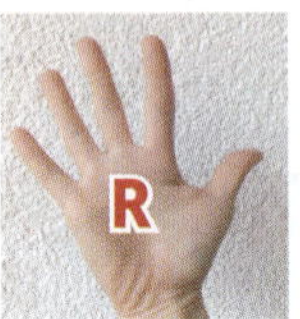

3

4a

4b

4c

Punkte	25-23	22,5-20	19,5-16	15,5-0
Wissensstand				

6. Plusaufgaben bis 10/Bilderaufgaben/Tauschaufgaben

1

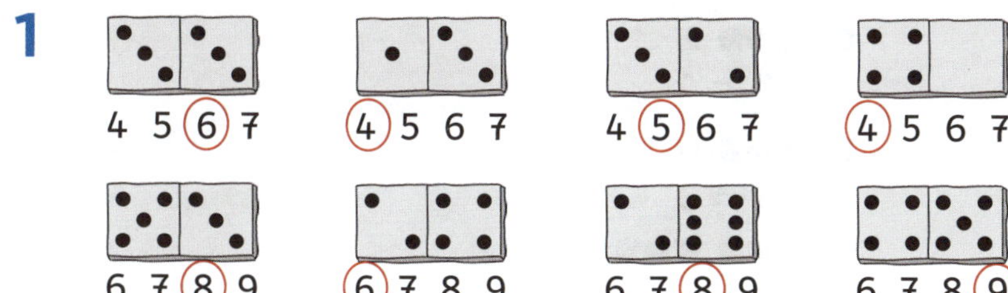

2

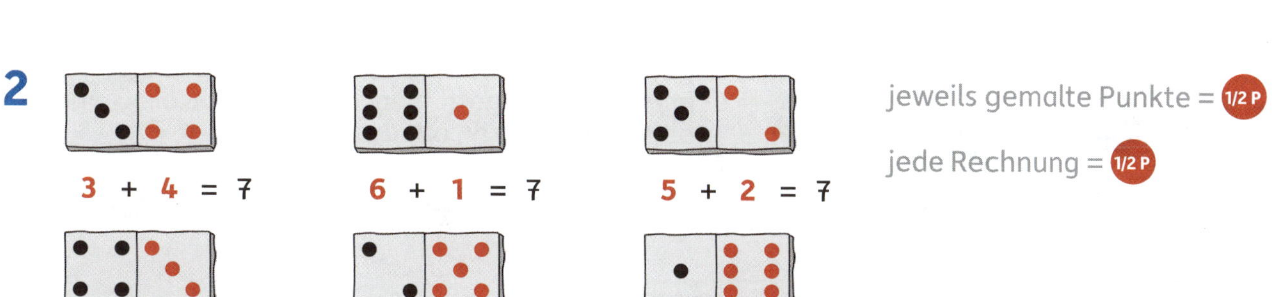

3 + 4 = 7 | 6 + 1 = 7 | 5 + 2 = 7

4 + 3 = 7 | 2 + 5 = 7 | 1 + 6 = 7

jeweils gemalte Punkte = 1/2 P

jede Rechnung = 1/2 P

3

2 + 4 = 6 | 4 + 3 = 7

jede Rechnung = 1P

jedes Ergebnis = 1P

4

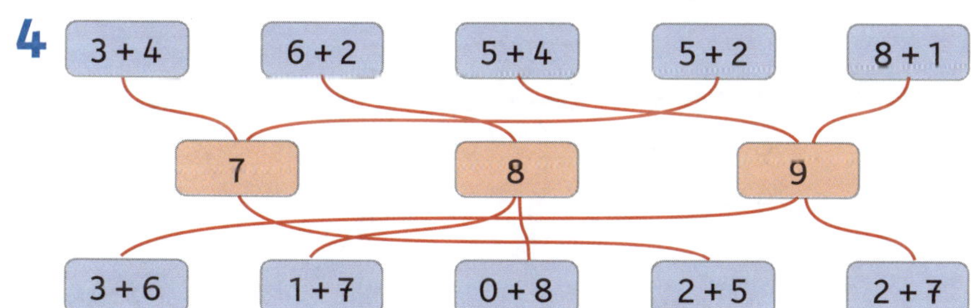

5

3 + 2 = 5	⟵ Tauschaufgabe ⟶	2 + 3 = 5
4 + 1 = 5	⟵ Tauschaufgabe ⟶	1 + 4 = 5
2 + 5 = 7	⟵ Tauschaufgabe ⟶	5 + 2 = 7
6 + 3 = 9	⟵ Tauschaufgabe ⟶	3 + 6 = 9

jede Tauschaufgabe = 1P

jedes Ergebnis = 1P

6

5 + 1 = 6	7 + 2 = 9	1 + 9 = 10
6 + 2 = 8	9 + 1 = 10	4 + 5 = 9
2 + 1 = 3	4 + 3 = 7	3 + 6 = 9

Punkte	47-43	42,5-34	33,5-27,5	27-0
Wissensstand	😊 (Krone)	🙂	😐	⚠

7. Minusaufgaben bis 10/Bilderaufgaben/Umkehraufgaben

1

6 − **2** = 4	6 − 3 = **3**	6 − 5 = **1**
7 − 1 = **6**	7 − 6 = **1**	7 − 4 = **3**
8 − 4 = **4**	8 − 6 = **2**	8 − 7 = **1**

2

8 − 3 = 5

6 − 2 = 4

Beachte: Bei Minusaufgaben musst du zuerst immer **alle** Dinge zählen. Nun ziehst du die Dinge ab, die wegfahren oder wegfliegen.

jede Rechnung = 1P jedes Ergebnis = 1P

3

5 − 2 4 − 1 7 − 4

8 − 5 8 − 4 9 − 7 6 − 4

6 − 3 6 − 2 3 − 1

4

6 − 1 = **5**	8 − 5 = **3**	9 − 0 = **9**
6 − 2 = **4**	7 − 5 = **2**	8 − 1 = **7**
6 − **3** = **3**	6 − **5** = **1**	7 − **2** = **5**

jede Zahl = 1P

5

2 − 1 = **1**	7 − 4 = **3**	9 − 5 = **4**
4 − 1 = **3**	8 − 0 = **8**	9 − 7 = **2**
3 − 1 = **2**	5 − 3 = **2**	9 − 9 = **0**

6

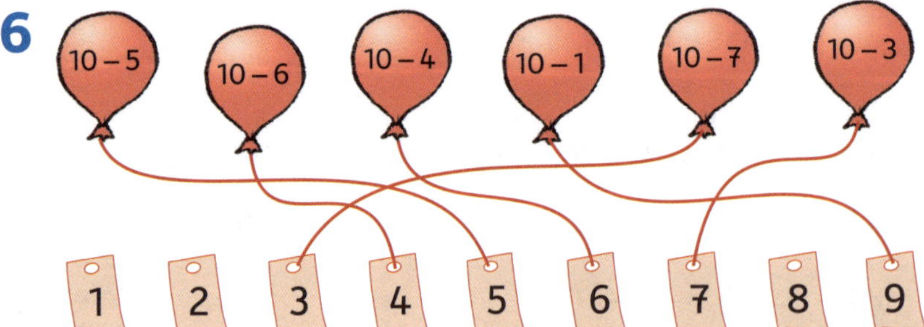

7

8 − 1 = 7	7 − 3 = **4**	9 − 6 = **3**
7 + 1 = 8	**4** + **3** = **7**	**3** + **6** = **9**
6 + 2 = **8**	2 + 4 = **6**	3 + 7 = **10**
8 − **2** = **6**	**6** − **4** = **2**	**10** − **7** = **3**

jedes Ergebnis = 1/2 P

jede Umkehraufgabe = 1P

Punkte	58-53	52,5-46	45,5-37,5	37-0
Wissensstand				

8. Rechnen bis 10

1

+	4	2	3
4	8	6	7
6	10	8	9

–	5	3	6
9	4	6	3
7	2	4	1

2

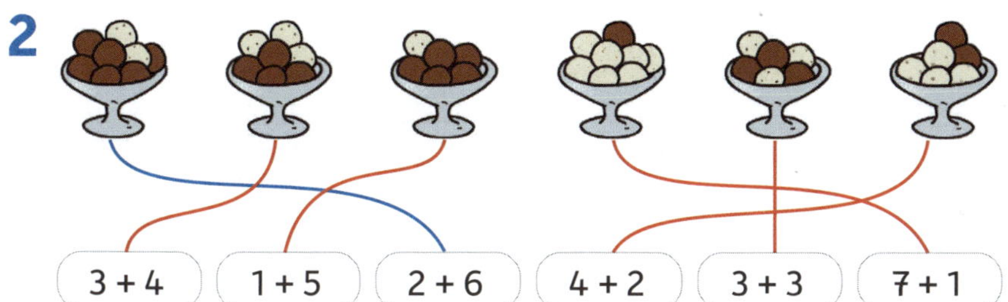

3 + 4 | 1 + 5 | 2 + 6 | 4 + 2 | 3 + 3 | 7 + 1

3

Überlege:
Wie viele Dosen waren es?
Wie viele fallen um?
Wie viele bleiben stehen?

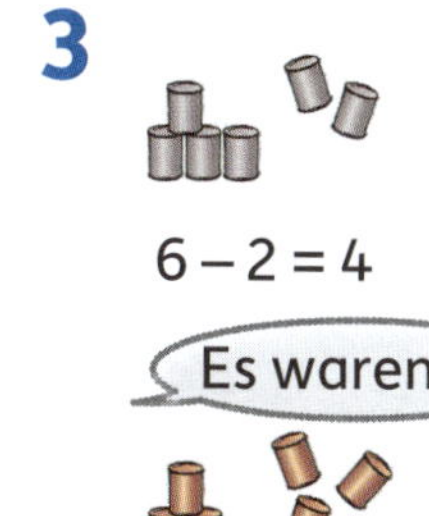

6 – 2 = 4

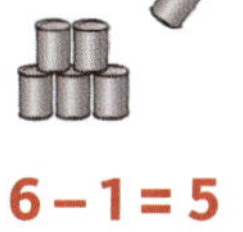

6 – 4 = 2

6 – 1 = 5

Es waren 10.

10 – 3 = 7

10 – 5 = 5

10 – 7 = 3

4

Folgefehler zählen nicht.

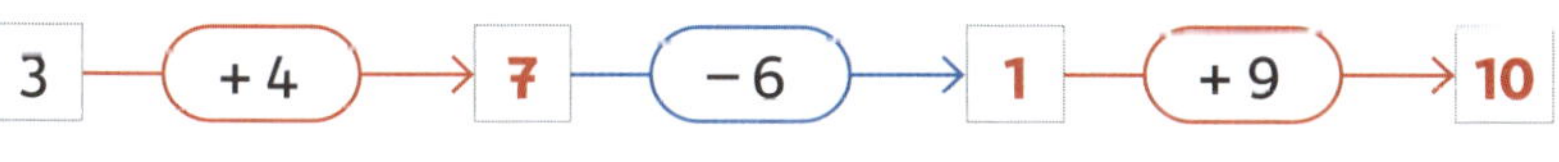

3 → +4 → 7 → –6 → 1 → +9 → 10

9 → –5 → 4 → +3 → 7 → –2 → 5

5

4 + 1 = 5
3 + 3 = 6
2 + 7 = 9
5 + 3 = 8

9 – 2 = 7
7 – 5 = 2
8 – 3 = 5
9 – 8 = 1

6

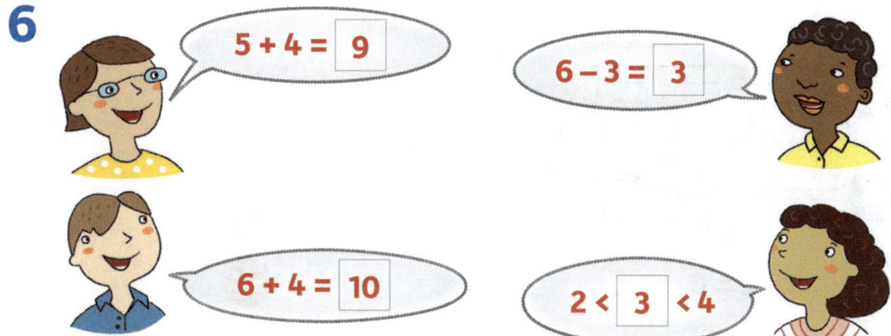

Punkte	38-34	33-30	29-24	23-0
Wissensstand	👑🙂	🙂	😐	⚠

9. Rechnen bis 10

1

8 + 2 = 10

5 + **5** = 10

7 + **3** = 10

4 + **6** = 10

1 + **9** = 10

3 + **7** = 10

2

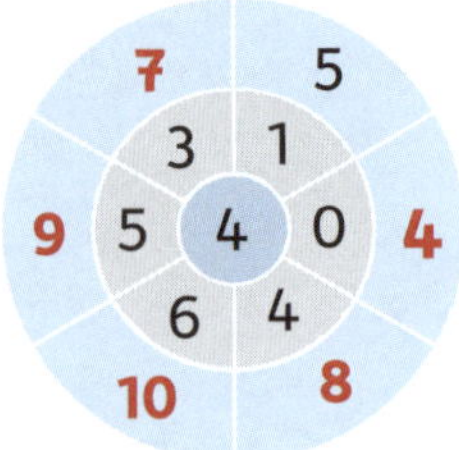

9, 5, 6, 2, 4, 1, 3, 3, 6, 5, 7, 8, 10

3

4 − 2 = **2**	8 − 5 = **3**	6 − **4** = 2
7 − 3 = **4**	8 − 0 = **8**	9 − **5** = 4
3 − 3 = **0**	5 − 3 = **2**	7 − **7** = 0

4

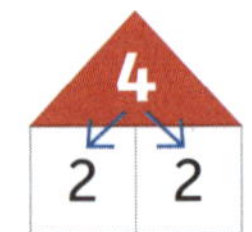

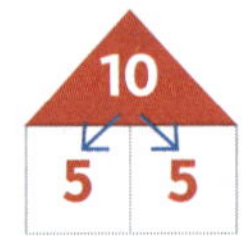

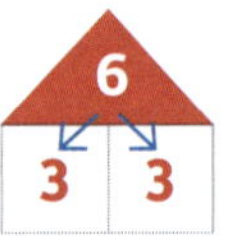

5

$\underbrace{3 + 2}_{5} > 4$ $\quad$ $\underbrace{7 - 4}_{3} > 2$ $\quad$ $\underbrace{4 + 6}_{10} > 9$

$\underbrace{5 - 2}_{3} = 3$ $\quad$ $\underbrace{2 + 6}_{8} = 8$ $\quad$ $\underbrace{9 - 3}_{6} < 7$

6

2 + 7 = **9**	**5** + **3** = **8**
7 + **2** = **9**	**3** + **5** = **8**
9 − **2** = **7**	**8** − **3** = **5**
9 − **7** = **2**	**8** − **5** = **3**

jede vollständig richtige Zeile = 1 P

7

5 + 3 = 8

Es waren 5. 3 kommen dazu. Jetzt sind es **8**.

8 − 2 = 6

Es waren 8. 2 steigen aus. Jetzt sind es **6**.

jede Rechnung = 1 P

jedes Ergebnis = 1 P

Punkte	**47-43**	**42-37**	**36-30**	**29-0**
Wissensstand				

10. Rechnen mit Geld bis 10

1

6 €

4 €

7 €

2 Hier gibt es viele Möglichkeiten. Du musst nur drei finden.

3

Statt einer 2-Cent-Münze kannst du auch zwei 1-Cent-Münzen zeichnen.

4

6 € = 6 €

7 € < 8 €

5

Es gibt verschiedene Lösungen. Hier ein Beispiel:

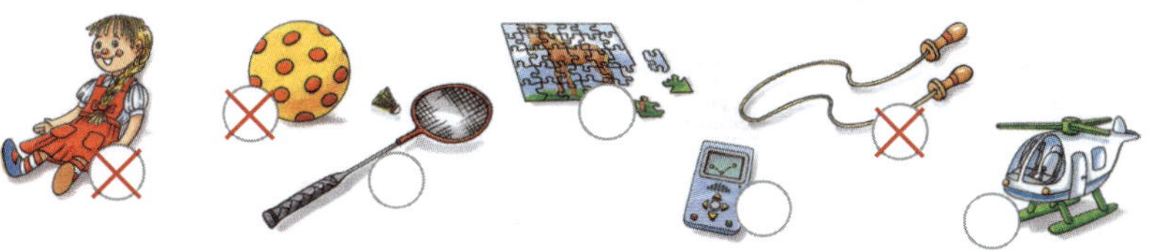

Punkte	24-22	21-19	18-15	14-0
Wissensstand				

11. Flächenformen

1

Jede richtig eingekreiste oder nicht eingekreiste Form = 1 P

Hinweis: Jedes Quadrat ist auch ein besonderes Rechteck. Es kann also auch rot eingekreist werden.

2

3

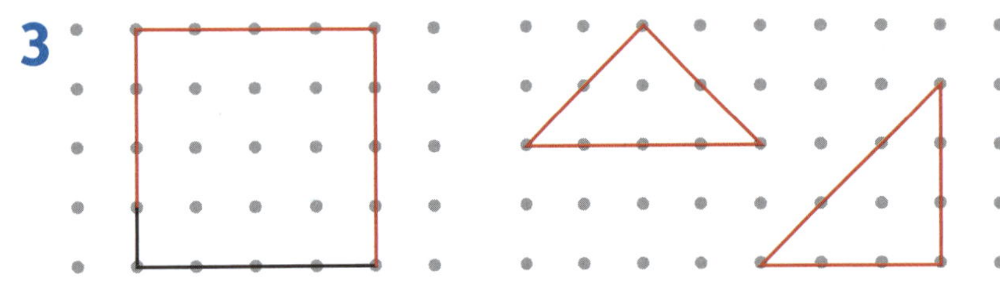

Diese Dreiecke sind nur Beispiele. Es gibt auch noch andere Lösungen.

4

5

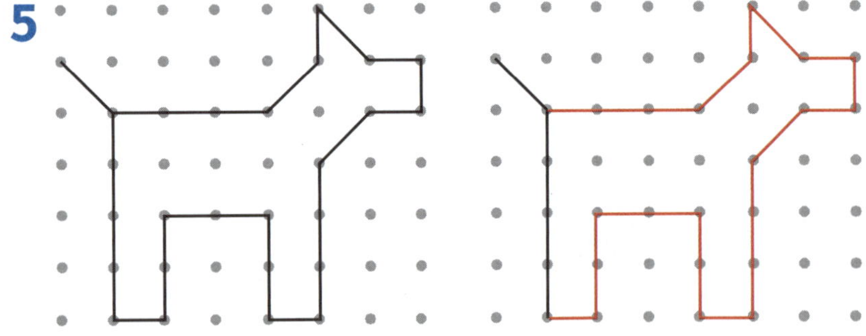

alles richtig = 2 P

ein oder zwei Fehler (Linie zu lang/kurz, falscher Winkel o.ä.)= 1 P

mehr Fehler = 0 P

6

Punkte	28-25	24-19	18-15	14-0
Wissensstand				

12. Zahlen bis 20

1

jede richtige Zahl = 1/2 P

2

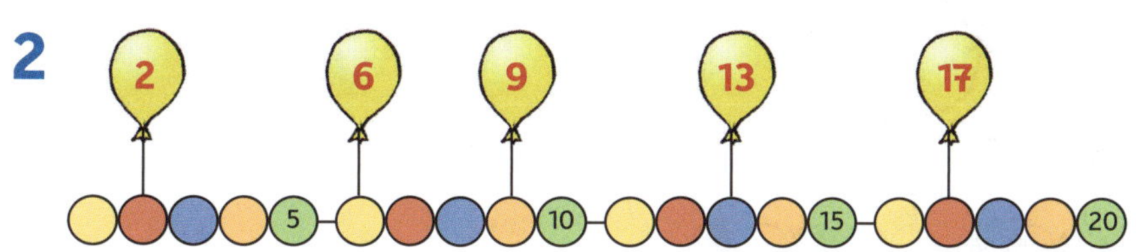

3

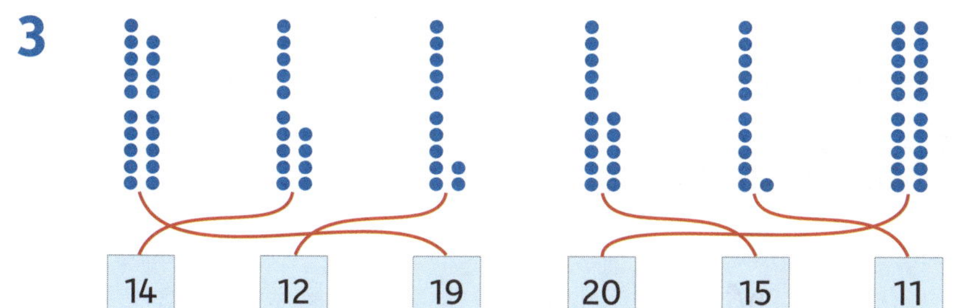

4

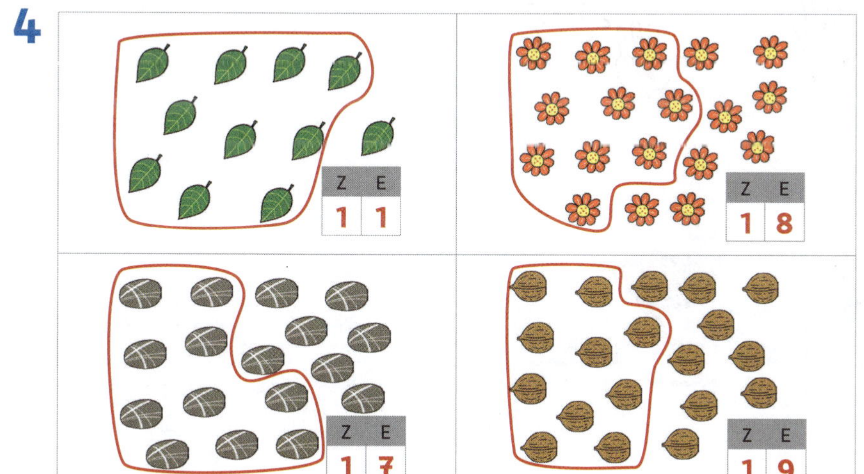

5

11	12	13
18	19	20

14	15	16
8	9	10

17	18	19
10	11	12

9	10	11
18	19	20

jede richtige Zahl = 1/2 P

6

$15 < 17$ $18 > 13$ $14 = 14$ $19 > 16$

$10 < 20$ $11 > 9$ $0 < 10$ $16 < 18$

Punkte	34-31	30,5-27	26,5-22	21,5-0
Wissensstand				

13. Ordnungszahlen/Zahlen bis 20

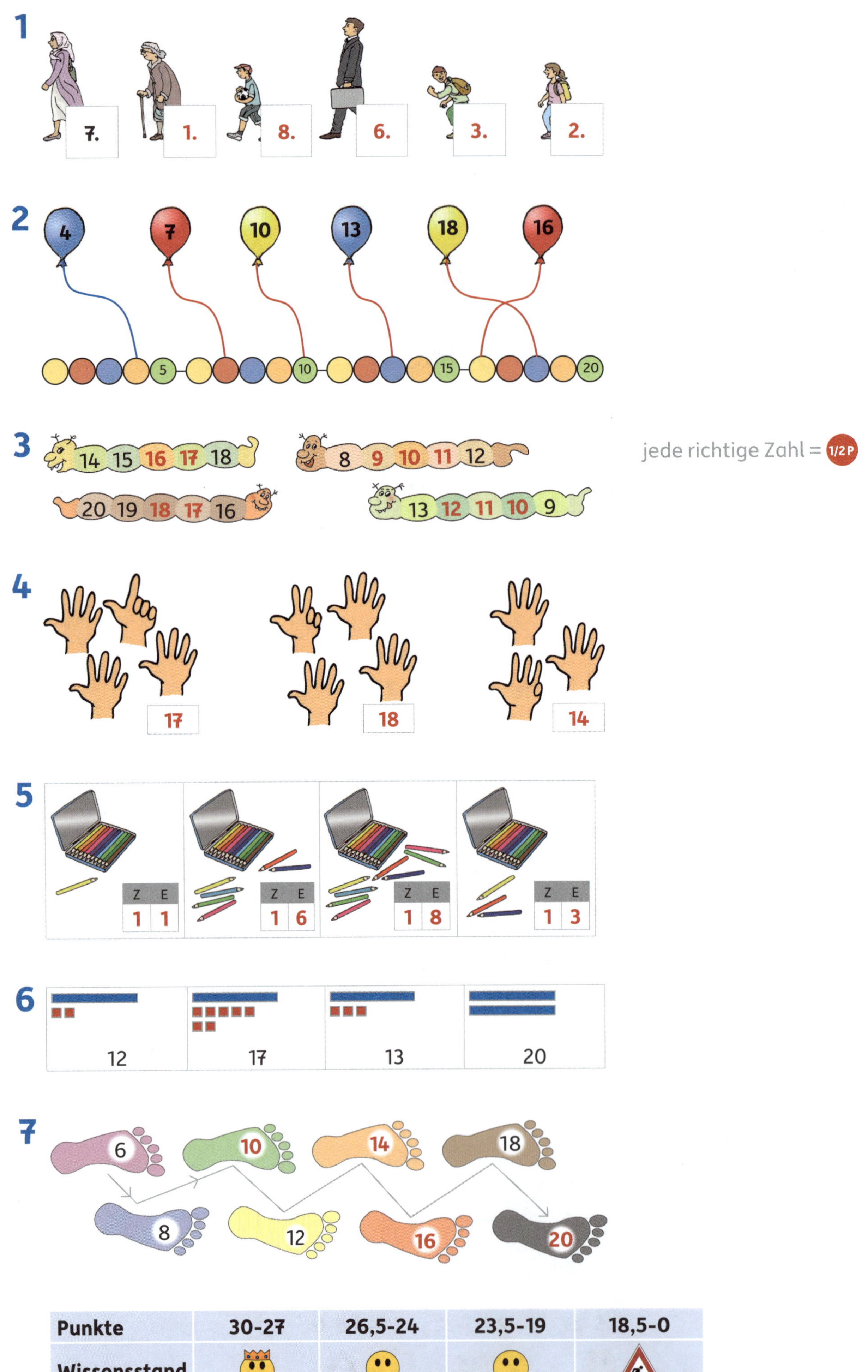

Punkte	30-27	26,5-24	23,5-19	18,5-0
Wissensstand				

14. Rechnen bis 20 ohne Zehnerübergang

1

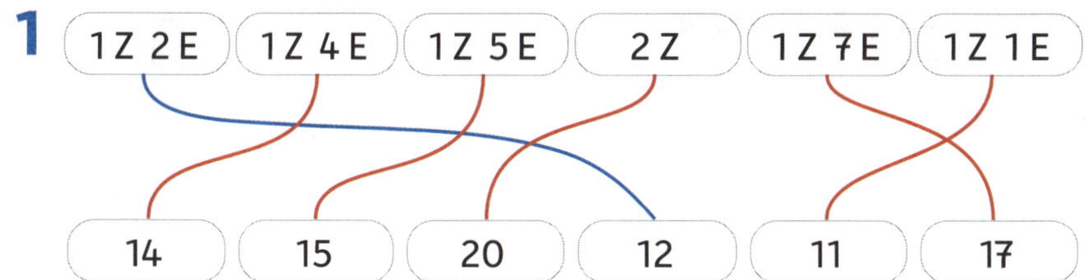

2

10 + 2 = **12**	10 + 1 = **11**	10 + **3** = 13
10 + 4 = **14**	10 + 8 = **18**	10 + **9** = 19
10 + 5 = **15**	10 + 7 = **17**	10 + **6** = 16

3

3 + 4 = 7 — 12 + 6 = **18** — 8 + 1 = **9** — 13 + 4 = 17

2 + 7 = **9** — 1 + 5 = **6** — 14 + 5 = **19** — 2 + 6 = **8**

11 + 5 = **16** — 12 + 7 = **19** — 4 + 5 = **9** — 18 + 1 = **19**

jedes Ergebnis = 1/2 P

jedes passende Farbenpaar = 1 P

4

15 + **5** = 20   **18** + **2** = 20   **10** + **10** = 20

5

14 − 3 = **11**	18 − 2 = **16**	15 − 4 = **11**
4 − 3 = **1**	8 − 2 = **6**	**5** − **4** = **1**
16 − 3 = **13**	19 − 7 = **12**	12 − 2 = **10**
6 − **3** = **3**	**9** − **7** = **2**	**2** − **2** = **0**

jedes Ergebnis = 1/2 P

jede eigene Rechnung = 1/2 P

6

7

10 → +1 → **11** → +2 → **13** → +3 → **16**

12 → +6 → **18** → −3 → **15** → +5 → **20**

11 → −**1** → 10 → +**8** → 18 → −**6** → 12

Punkte	56-51,5	51-44,5	44-36	35,5-0
Wissensstand				

15. Plusaufgaben bis 20 mit Zehnerübergang

1

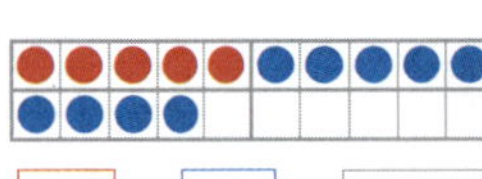
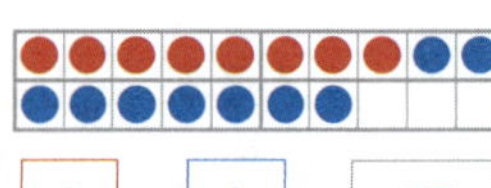

7 + 4 = 11 | 5 + 9 = 14 | 8 + 9 = 17

jede eigene Rechnung = 1 P
jedes Ergebnis = 1 P

2

6 + 5 = 11
6 + 4 + 1 = 11

5 + 7 = 12
5 + 5 + 2 = 12

9 + 8 = 17
9 + 1 + 7 = 17

7 + 8 = 15
7 + 3 + 5 = 15

8 + 6 = 14
8 + 2 + 4 = 14

9 + 4 = 13
9 + 1 + 3 = 13

jede schrittweise Rechnung = 1 P
jedes Ergebnis = 1 P

3

7 + 5 = 12
8 + 4 = 12
9 + 2 = 11

8 + 7 = 15
9 + 5 = 14
8 + 5 = 13

3 + 8 = 11
5 + 9 = 14
4 + 7 = 11

4

8 + 2 = 10
8 + 3 = 11
8 + 4 = 12
8 + 5 = 13
8 + 6 = 14

7 + 10 = 17
6 + 10 = 16
5 + 10 = 15
4 + 10 = 14
3 + 10 = 13

1 + 12 = 13
2 + 11 = 13
3 + 10 = 13
4 + 9 = 13
5 + 8 = 13

jede Zahl = 1/2 P

5

die Zahl	4	3	10	9	7	6	8
das Doppelte	8	6	20	18	14	12	16

6

2 Spinnen ⟶ 16 Beine

2 Bienen ⟶ 12 Beine

3 Vögel ⟶ 6 Beine

5 Fische ⟶ 0 Beine

7 Rechne: 5 + 7 = 12

Antwort: 12 Kinder spielen zusammen.

Rechnung = 1 P
Ergebnis/Antwort = 1 P

Punkte	49-45	44,5-39	38,5-31,5	31-0
Wissensstand				

16. Minusaufgaben bis 20 mit Zehnerübergang

1

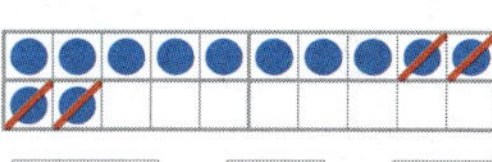

14 – 8 = 6 | 12 – 4 = 8 | 18 – 9 = 9

jede eigene Rechnung = 1 P

jedes Ergebnis = 1 P

2

13 – 4 = 9
13 – 3 – 1 = 9

15 – 8 = 7
15 – 5 – 3 = 7

jede schrittweise Rechnung = 1 P

jedes Ergebnis = 1 P

16 – 9 = 7
16 – 6 – 3 = 7

11 – 6 = 5
11 – 1 – 5 = 5

17 – 9 = 8
17 – 7 – 2 = 8

12 – 7 = 5
12 – 2 – 5 = 5

3

11 – 3 | 13 – 6 | 16 – 7 | 14 – 6 | 12 – 5 | 15 – 6

7 | 8 | 9

4

10 – 2 = 8	12 – 6 = 6	20 – 1 = 19
10 – 3 = 7	13 – 6 = 7	19 – 2 = 17
10 – 4 = 6	14 – 6 = 8	18 – 3 = 15
10 – 5 = 5	15 – 6 = 9	17 – 4 = 13

jede Zahl = 1/2 P

5

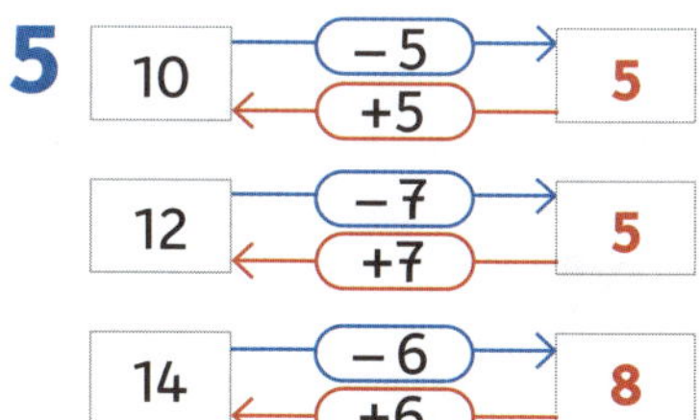

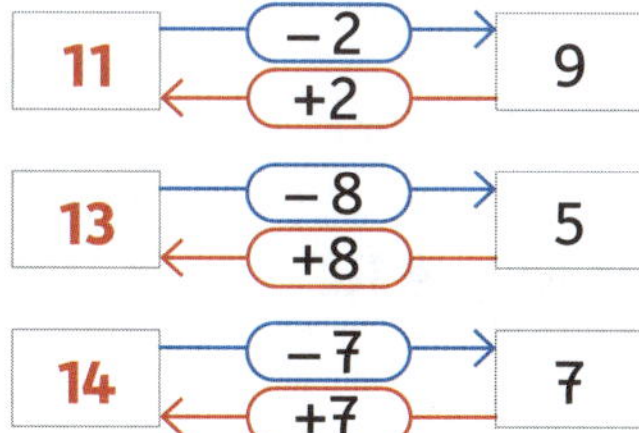

10 –5 → 5, 5 +5 → 10

12 –7 → 5, 5 +7 → 12

14 –6 → 8, 8 +6 → 14

11 –2 → 9, 9 +2 → 11

13 –8 → 5, 5 +8 → 13

14 –7 → 7, 7 +7 → 14

6

die Zahl	6	2	8	12	16	20	14
die Hälfte	3	1	4	6	8	10	7

7

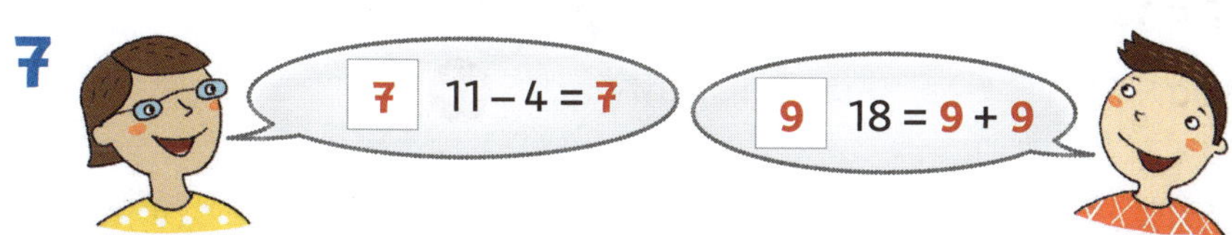

Punkte	46-42	41,5-36,5	36-29,5	29-0
Wissensstand				

17. Rechnen bis 20 mit Zehnerübergang

1

12 + 2 = **14**	20 − 6 = **14**	19 − 7 = **12**
15 + 4 = **19**	13 − 2 = **11**	13 + 6 = **19**
11 + 6 = **17**	16 − 5 = **11**	18 − 8 = **10**

2

+	2	5	8	10
5	7	**10**	**13**	**15**
8	**10**	**13**	**16**	**18**

−	3	5	7	9
16	13	**11**	**9**	**7**
12	**9**	**7**	**5**	**3**

3

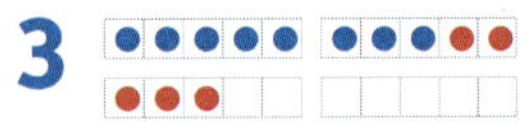

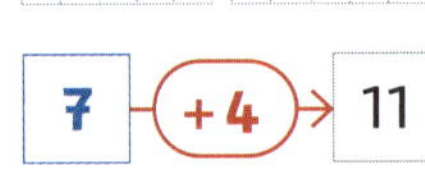
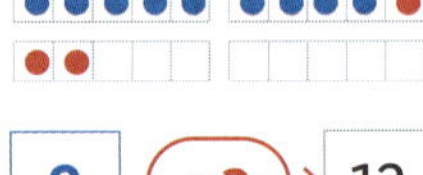

8 (+5) → 13 **7** (+4) → 11 **9** (+3) → 12

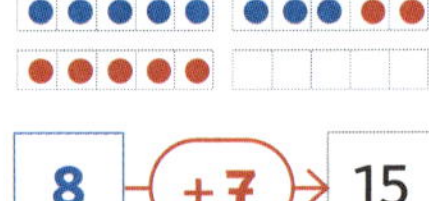

6 (+8) → 14 **5** (+6) → 11 **8** (+7) → 15

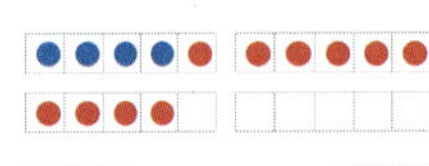
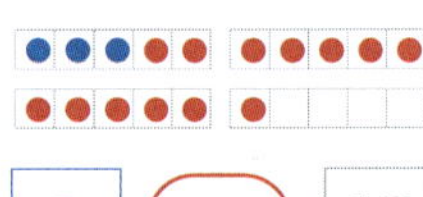

8 (+4) → 12 **4** (+10) → 14 **3** (+13) → 16

Für jede vollständig richtige Aufgabe bekommst du 1P.

4

5 + 3 + 5 = **13**	6 + 8 + 4 = **18**
4 + 9 + 1 = **14**	2 + 7 + 3 = **12**
8 + 2 + 9 = **19**	3 + 1 + 9 = **13**

Immer 2 Zahlen ergeben zusammen 10. Wenn du diese zuerst zusammenzählst, wird die Aufgabe leichter.

5 Rechne: **8 + 9 = 17**

Antworte: **17** Kinder gehen in die Klasse 1a.

Rechnung = 1 P
Ergebnis/Antwort = 1 P

6 Rechne: **15 − 7 = 8**

Antworte: **8** Kinder sind jetzt noch im Bus.

Rechnung = 1 P
Ergebnis/Antwort = 1 P

7 Rechne: **10 + 10 = 20** **20 − 2 = 18**

Antworte: **18** Kinder sind heute da.

Rechnung = 1 P
Ergebnis/Antwort = 1 P

Punkte	**43-39**	**38,5-34**	**33,5-27**	**26,5-0**
Wissensstand				

18. Schaubilder

1

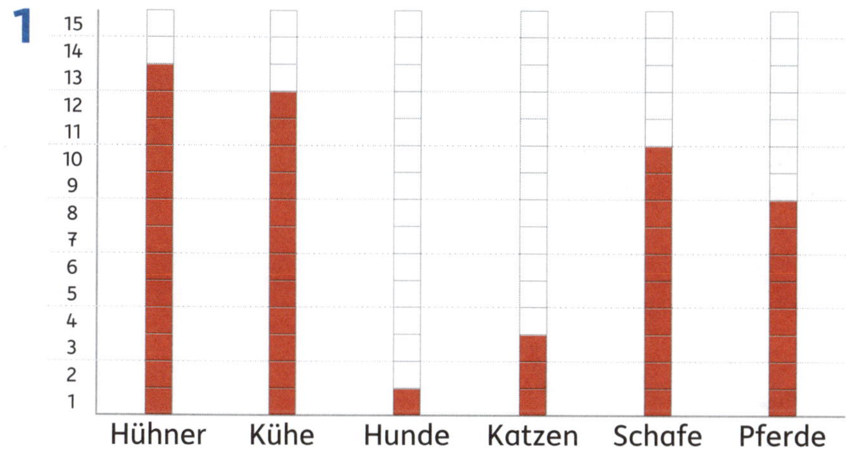

2

	richtig	falsch
Es gibt neun Pferde.	○	⊗
Hühner gibt es am meisten.	⊗	○
Es gibt genauso viele Pferde wie Katzen.	○	⊗
Es gibt weniger Schafe als Kühe.	⊗	○
Katzen gibt es am wenigsten.	○	⊗

3a

					Ich habe kein Haustier!
////	//	~~////~~	//	///	~~////~~ ///

3b 8 Kinder haben kein Haustier.

Es gibt 2 Meerschweinchen als Haustiere.

Es gibt 4 Hunde als Haustiere.

Am meisten gibt es **Hasen/Kaninchen** als Haustiere.

Punkte	**16-14**	**13-12**	**11-10**	**9-0**
Wissensstand				

19. Uhrzeit

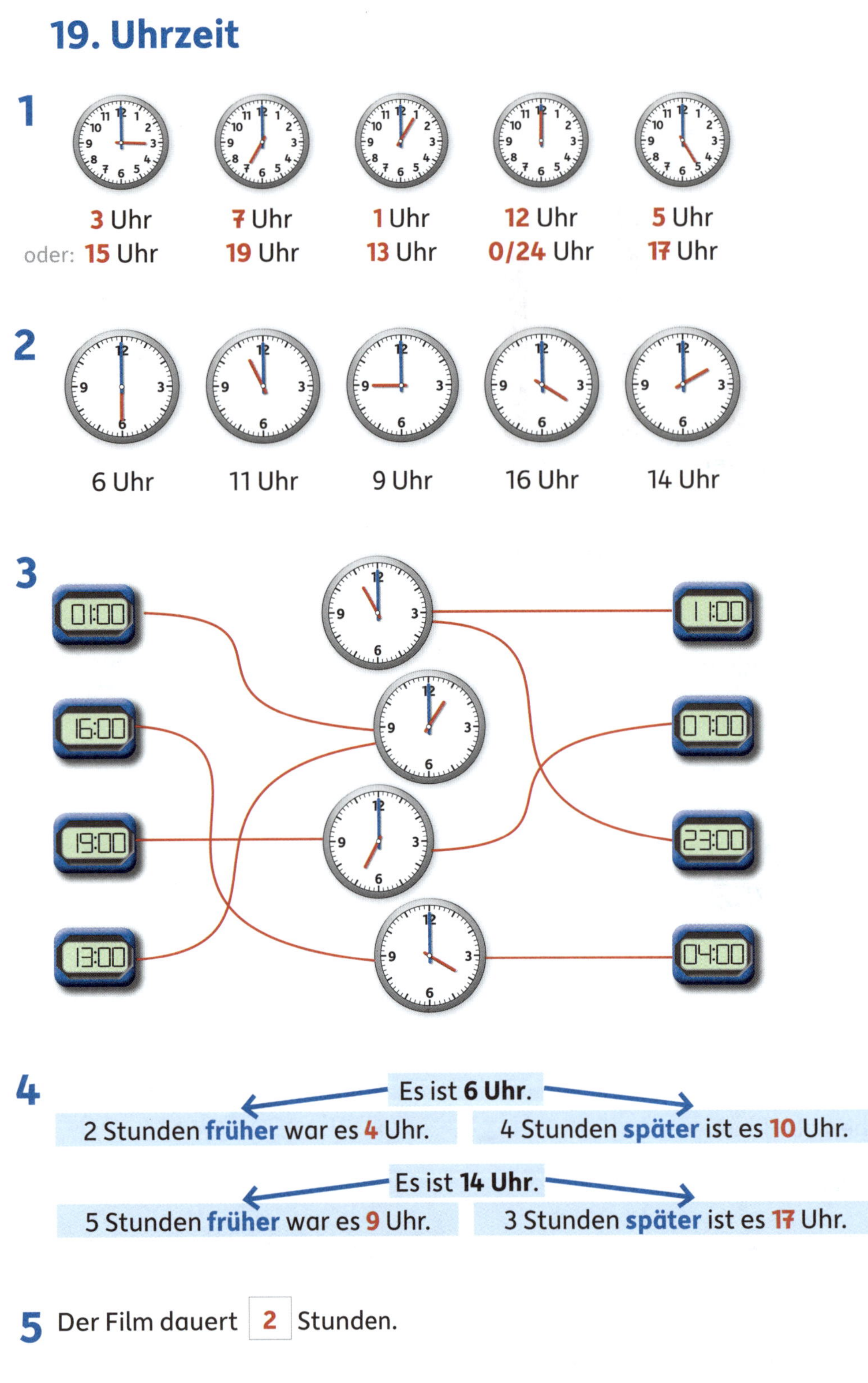

4

Es ist **6 Uhr**.

2 Stunden **früher** war es **4** Uhr. | 4 Stunden **später** ist es **10** Uhr.

Es ist **14 Uhr**.

5 Stunden **früher** war es **9** Uhr. | 3 Stunden **später** ist es **17** Uhr.

5 Der Film dauert **2** Stunden.

6 Sie arbeitet jeden Tag **7** Stunden.

7 Jetzt ist es **12** Uhr.

Punkte	25-23	22-20	19-16	15-0
Wissensstand				

20. Rechnen mit Geld bis 20

1

alles richtig = 2 P
1 Fehler = 1 P
2 oder mehr Fehler = 0 P

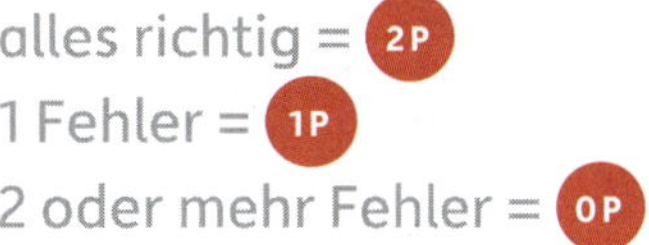

2

3 Das sind Beispiele. Es gibt auch andere Lösungen.

4

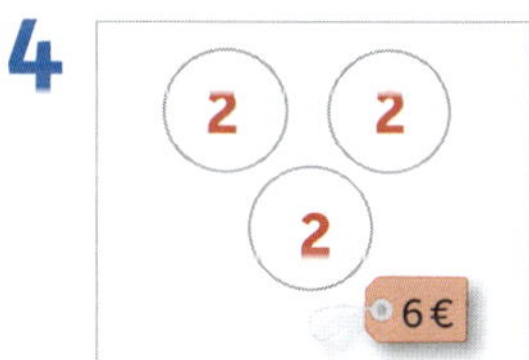

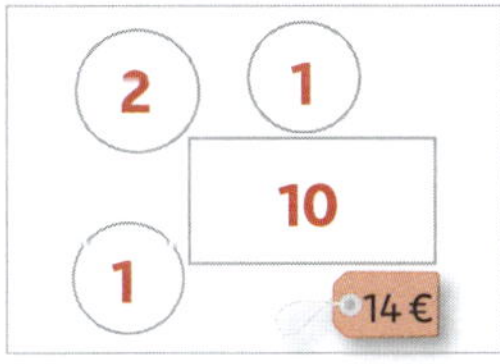

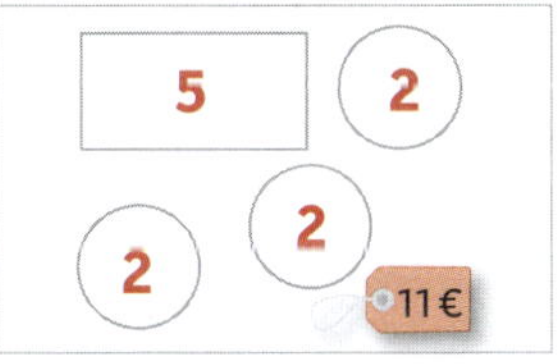

5

6

Du kannst auch andere Münzen durchgestrichen haben. Lass dir beim Verbessern helfen.

Punkte	18-16	15-14	13-11	10-0
Wissensstand				

21. Rechnen mit Geld – Sachaufgaben

1

Das sind Beispiele. Es gibt noch andere Lösungen.

2

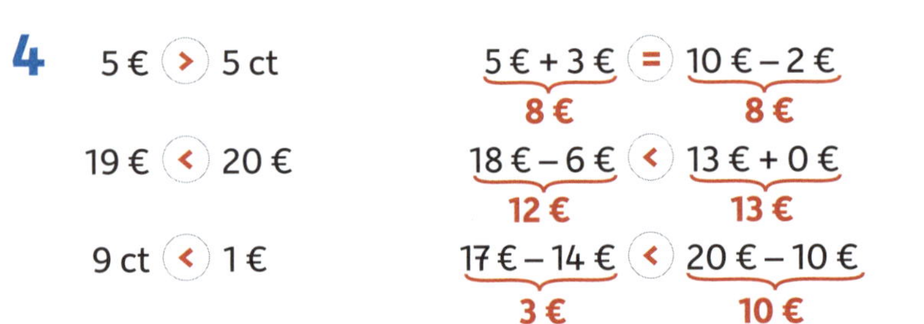

3

5 € + 3 € = **8** €	17 € – 5 € = **12** €	19 € – 9 € = **10** €
11 € + 8 € = **19** €	13 € – 4 € = **9** €	13 € – 7 € = **6** €
7 € + 5 € = **12** €	15 € – 9 € = **6** €	14 € – 8 € = **6** €

4

5 € **>** 5 ct

19 € **<** 20 €

9 ct **<** 1 €

5 € + 3 € **=** 10 € – 2 €
8 € **8 €**

18 € – 6 € **<** 13 € + 0 €
12 € **13 €**

17 € – 14 € **<** 20 € – 10 €
3 € **10 €**

5a

Das sind Beispiele. Es gibt noch andere Lösungen.

5b

Ich habe:	Ich kaufe:	Ich rechne:
10 €		**10 € – 1 € = 9 €** Ich bekomme **9** € zurück.
20 ct		**20 ct – 10 ct = 10 ct** Ich bekomme **10** ct zurück.
10 ct		**3 ct + 3 ct = 6 ct** **10 ct – 6 ct = 4 ct** Ich bekomme **4** ct zurück.

Punkte	27-24	23-21	20-17	16-0
Wissensstand				

22. Schwierige Knobelaufgaben

1      

Die Reihenfolge ist egal.

2 

Die Reihenfolge ist egal.

3   

Jeweils die Anzahl der Kugeln muss stimmen.

4 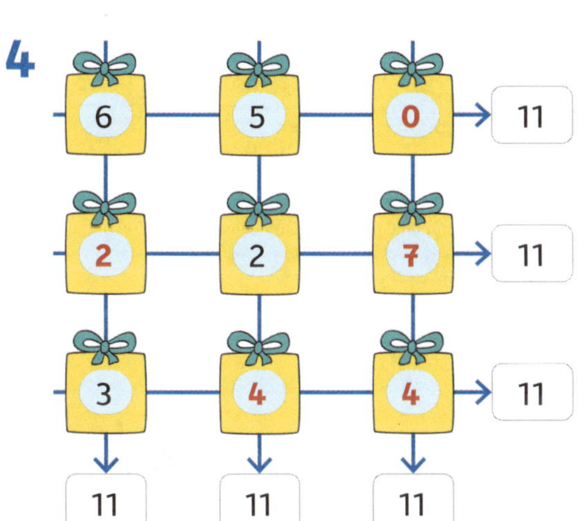

5 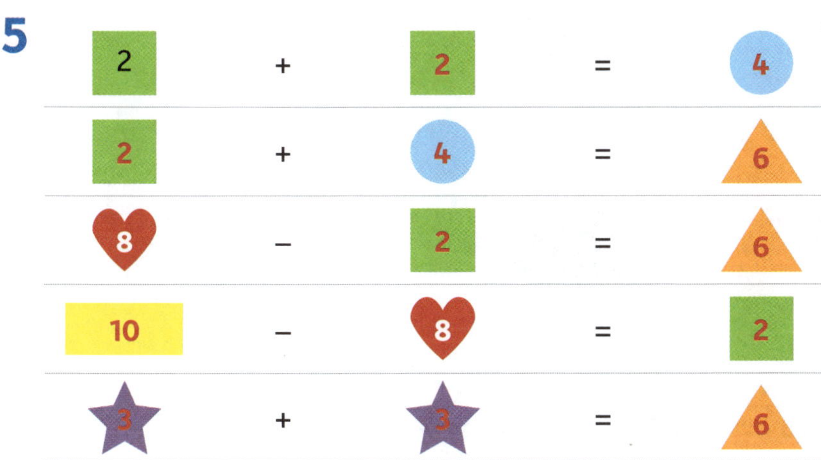

jede richtige Form = 1P

Punkte	24-22	21-19	18-15	14-0
Wissensstand				

23. Quer durch die 1. Klasse

1

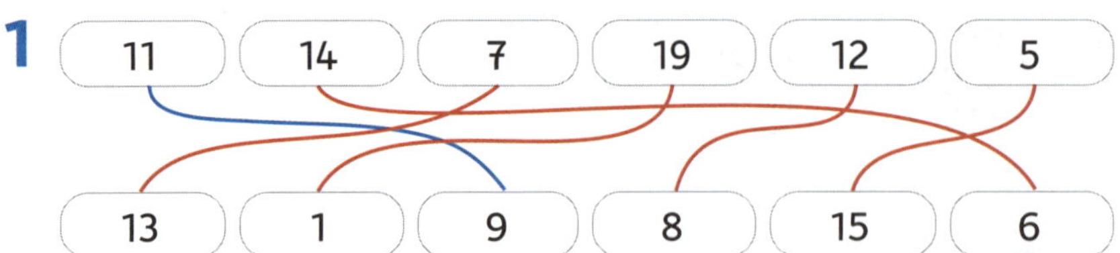

11 14 7 19 12 5

13 1 9 8 15 6

2

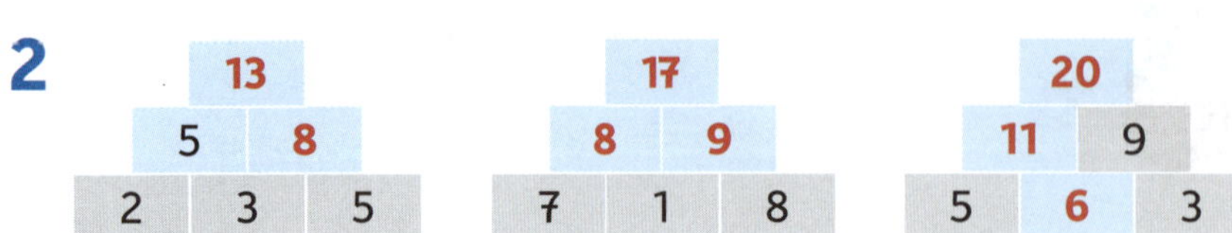

	13	
5	8	
2	3	5

	17	
8	9	
7	1	8

	20	
11	9	
5	6	3

jede richtige Zahl = 1/2 P

3

8 + 2 = **10**
8 + 3 = **11**
8 + **4** = **12**

16 − 6 = **10**
16 − 7 = **9**
16 − **8** = **8**

11 − 7 = **4**
12 − 7 = **5**
13 − 7 = **6**

jede richtige Zahl = 1/2 P

4

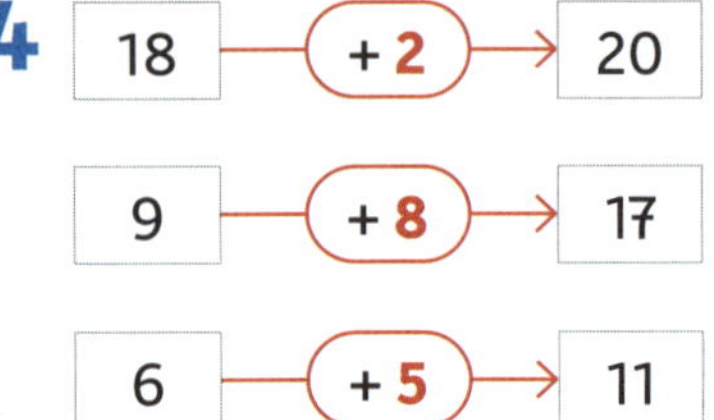

18 → **+2** → 20
9 → **+8** → 17
6 → **+5** → 11

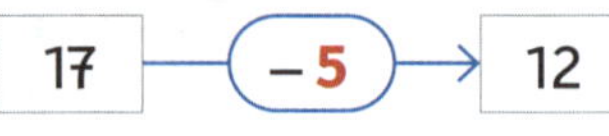

17 → **−5** → 12
13 → **−8** → 5

15 → **−6** → 9

5

19 − 6 = **13**
13

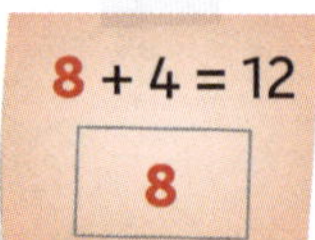

8 + 4 = 12
8

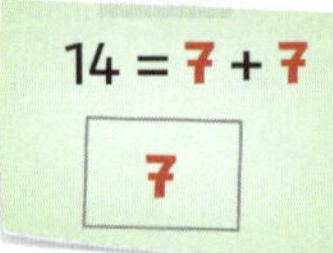

14 = **7** + **7**
7

6

5 + 4 = **9**

jedes Ergebnis = 1 P

jedes richtig eingekreiste oder nicht eingekreiste Bild = 1 P

9 + 3 = **12**

Punkte	32-29	28,5-25	24,5-20	19,5-0
Wissensstand				

24. Quer durch die 1. Klasse

1

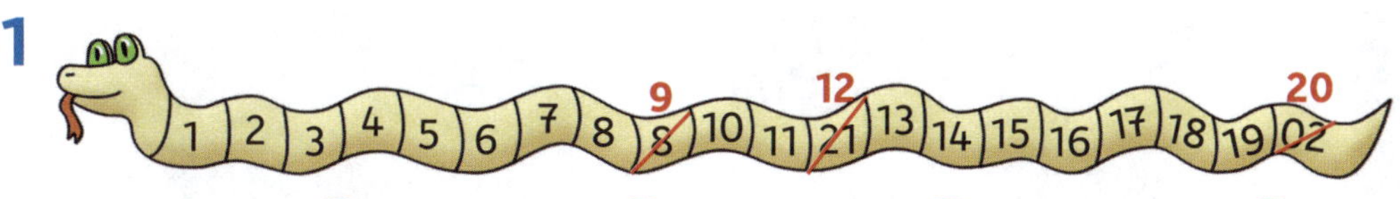

alles richtig = 3P; 1 Fehler = 2P; 2 Fehler = 1P; > 3 Fehler = 0P

2

14 + 2 = **16**	17 – 3 = **14**	15 – 7 = **8**
10 + 6 = **16**	18 – 7 = **11**	6 + 8 = **14**
7 + 5 = **12**	14 – 5 = **9**	13 – 5 = **8**

3

8 + 6 = 14	**8** + 9 = 17
6 + **8** = **14**	**9** + **8** = **17**
14 – **6** = **8**	17 – **9** = **8**
14 – **8** = **6**	**17** – **8** = **9**

8 = 1P

jede Zeile, bei der mindestens eine Zahl ergänzt wurde = 1P

4

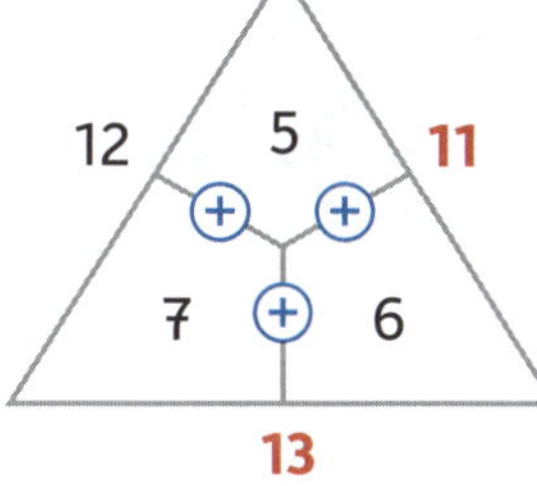

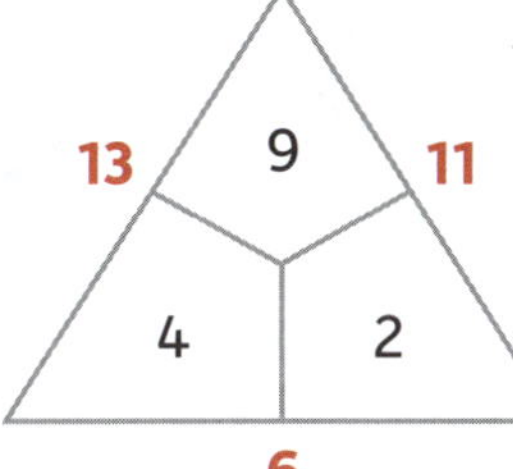

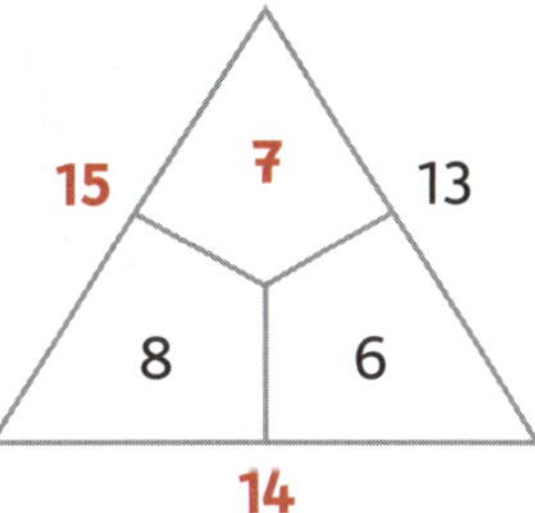

5 Rechne: **4 + 4 + 2 + 2 = 12** — Rechnung = 1P

Antworte: Es sind **12** Tierbeine zusammen. — Ergebnis/Antwort = 1P

6 Rechne: **15 – 5 = 10**
10 – 3 = 7 — Rechnung = 1P

Antworte: Leo hat noch **7** Steine. — Ergebnis/Antwort = 1P

7 Rechne: **Halbiere 8 €: 8 € = 4 € + 4 €**
(Ein Kind kostet also 4 €.)
8 € + 4 € = 12 € — Rechnung = 1P

Antworte: Sie müssen **12** € bezahlen. — Ergebnis/Antwort = 1P

Punkte	**34-31**	**30,5-27**	**26,5-22**	**21,5-0**
Wissensstand				

Ein Rechenbüchlein basteln (Lass dir helfen!)

1. Ausschneiden!

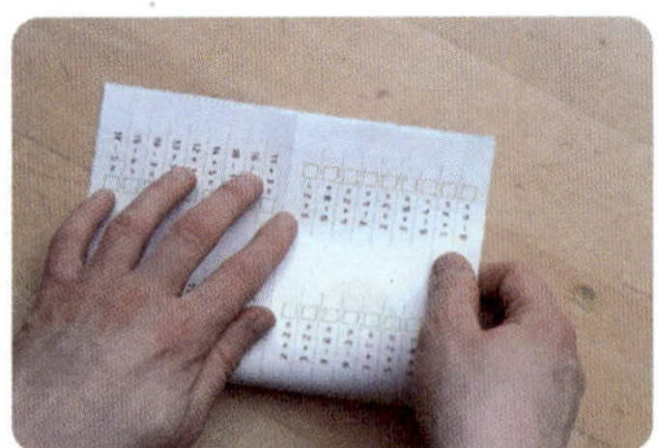
2. Falten!

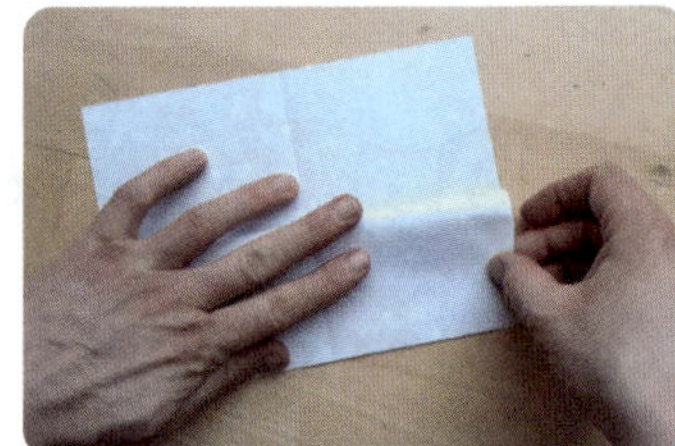
3. Falten!

4. Falten!

5. Zur Mitte schneiden!

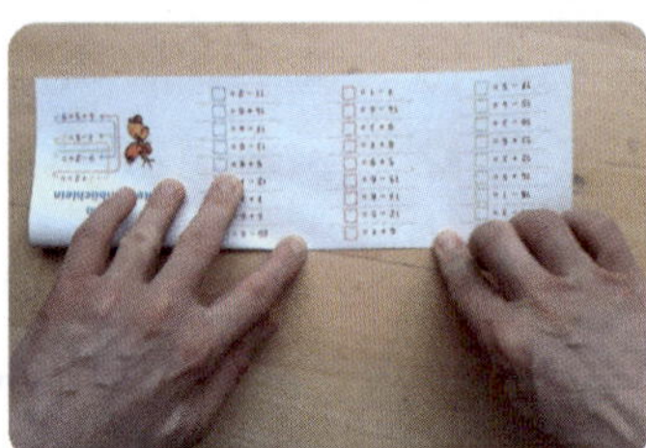
6. Falten!

7. Zusammenschieben!

8. Zu Buch falten!

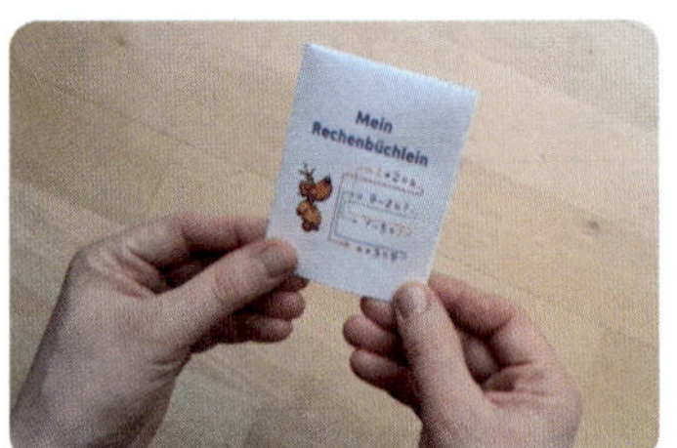
9. Fertig!

Üben mit dem Rechenbüchlein

In dem Rechenbüchlein findest du auf jeder Seite eine Kettenaufgabe. So kannst du sie lösen:

Wichtig: Einen Stift brauchst du hier nicht!

Rechne die **erste Aufgabe** auf einer Seite aus und merke dir **dein Ergebnis**.

Suche dir nun als **nächste Aufgabe** die Aufgabe auf der Seite aus, die mit **diesem Ergebnis** beginnt.

Rechne diese Aufgabe aus.

Auch mit **dem Ergebnis** dieser Aufgabe findest du wieder eine Aufgabe, die mit **dieser Zahl beginnt**.

Rechne genauso weiter. Wenn du immer richtig gerechnet hast, ist dein letztes Ergebnis die erste Zahl bei der ersten Aufgabe ganz oben.

So kannst du dich selbst überprüfen!

Wenn du die Ergebnisse nicht in das Büchlein hineinschreibst, kannst du die Aufgaben ganz oft üben. Bald bist du bestimmt spitze!

Ein Beispiel:

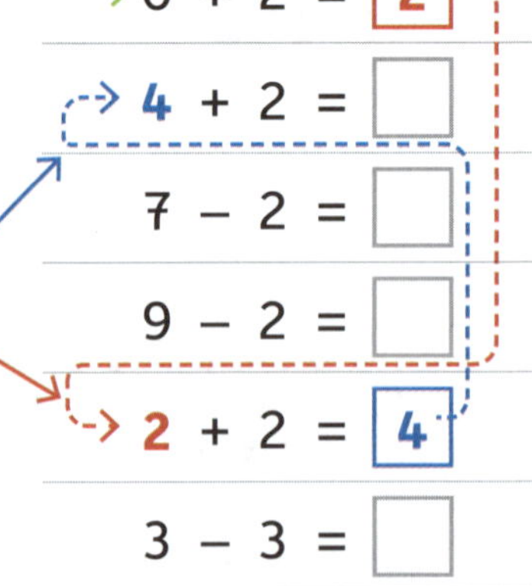

Mein Rechenbüchlein

20 − 8 = ☐	6 + 7 = ☐	11 + 3 = ☐
5 + 6 = ☐	12 − 5 = ☐	16 − 3 = ☐
7 + 7 = ☐	13 − 8 = ☐	18 − 1 = ☐
12 − 7 = ☐	15 − 6 = ☐	14 + 5 = ☐
9 + 8 = ☐	5 + 9 = ☐	12 + 3 = ☐
13 − 6 = ☐	8 + 7 = ☐	13 + 5 = ☐
17 − 4 = ☐	9 + 3 = ☐	19 − 3 = ☐
14 + 6 = ☐	14 − 6 = ☐	15 − 4 = ☐
11 − 2 = ☐	7 − 1 = ☐	17 − 5 = ☐

⚀ + ⚁ = ☐	0 + 2 = ☐	2 + 2 = ☐	5 + 2 = ☐
⚅ − ⚁ = ☐	4 + 2 = ☐	3 + 2 = ☐	9 − 8 = ☐
⚄ − ⚃ = ☐	7 − 2 = ☐	7 − 6 = ☐	4 + 2 = ☐
⚂ − ⚀ = ☐	9 − 2 = ☐	9 − 3 = ☐	7 − 4 = ☐
⚃ + ⚀ = ☐	2 + 2 = ☐	1 + 1 = ☐	2 + 3 = ☐
⚁ + ⚃ = ☐	3 − 3 = ☐	5 + 2 = ☐	3 + 6 = ☐
	8 + 1 = ☐	4 + 4 = ☐	6 − 4 = ☐
	6 + 2 = ☐	6 − 3 = ☐	1 + 7 = ☐
	5 − 2 = ☐	8 + 1 = ☐	8 − 4 = ☐

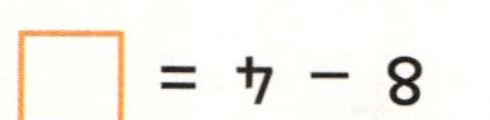

4 **Zähle die ausgestreckten Finger.**

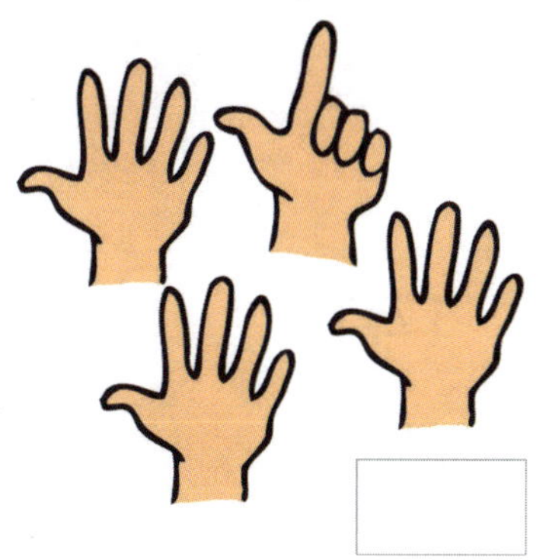

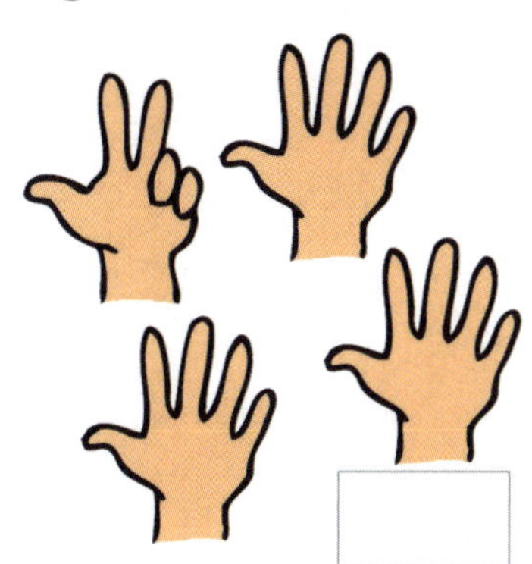

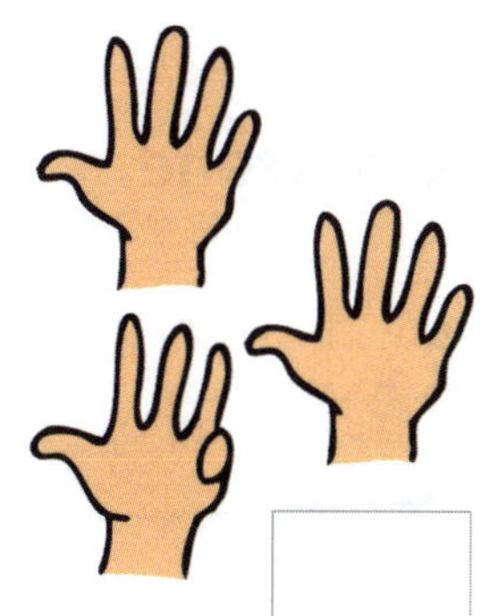

/ 3

5 **Wie viele sind es? Schreibe die Zahl dazu.**

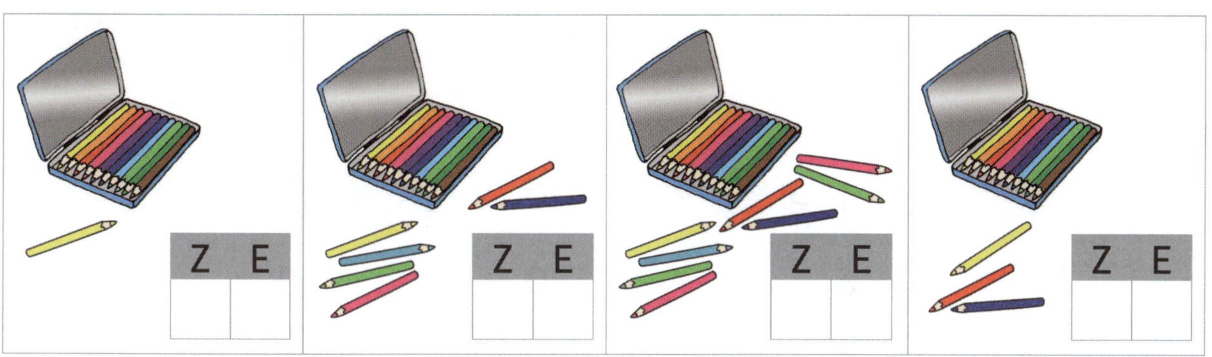

/ 4

6 **Male zur Zahl: Zehnerstangen und Einerwürfel.**

12	17	13	20

/ 4

7 **2er-Schritte! Schreibe passende Zahlen dazu.**

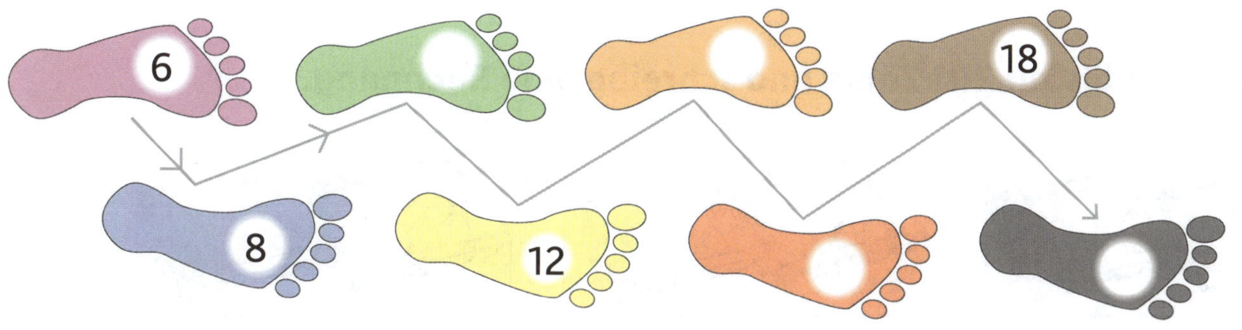

/ 4

Von 30 Punkten hast du ______ erreicht.

14. Rechnen bis 20 ohne Zehnerübergang

1 **Verbinde passend.**

1 Z 2 E	1 Z 4 E	1 Z 5 E	2 Z	1 Z 7 E	1 Z 1 E
14	15	20	12	11	17

☐ / 5

2 **Rechne.**

10 + 2 = ___   10 + 1 = ___   10 + ___ = 13

10 + 4 = ___   10 + 8 = ___   10 + ___ = 19

10 + 5 = ___   10 + 7 = ___   10 + ___ = 16

☐ / 9

3 **Rechne und male passend die kleine und die große Aufgabe mit gleicher Farbe an.**

3 + 4 = 7   12 + 6 = ___   8 + 1 = ___   13 + 4 = 17

2 + 7 = ___   1 + 5 = ___   14 + 5 = ___   2 + 6 = ___

11 + 5 = ___   12 + 7 = ___   4 + 5 = ___   18 + 1 = ___

☐ /10

4 **Wie viel fehlt bis zur 20? Zähle und schreibe eine Rechnung.**

15 + ___ = 20   ___ + ___ = 20   ___ + ___ = 20

☐ / 3

5 Finde die passende kleine Aufgabe. Schreibe sie darunter. Rechne.

14 – 3 = ____ 18 – 2 = ____ 15 – 4 = ____

4 – 3 = ____ 8 – 2 = ____ ___ – ___ = ____

16 – 3 = ____ 19 – 7 = ____ 12 – 2 = ____

___ – ___ = ____ ___ – ___ = ____ ___ – ___ = ____

/ 8

6 Rechne + von innen nach außen. Ergänze alle Lücken.

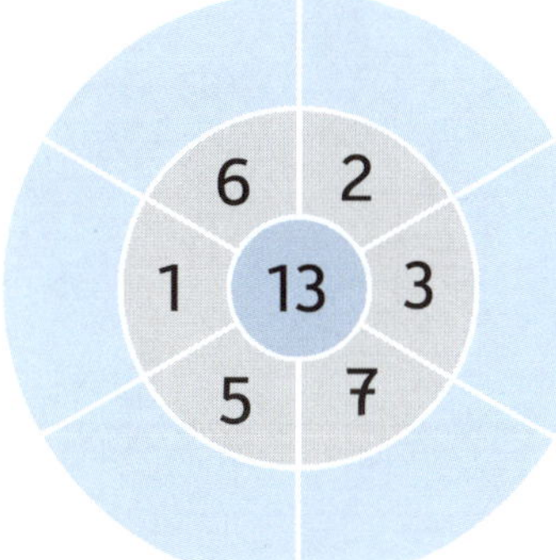

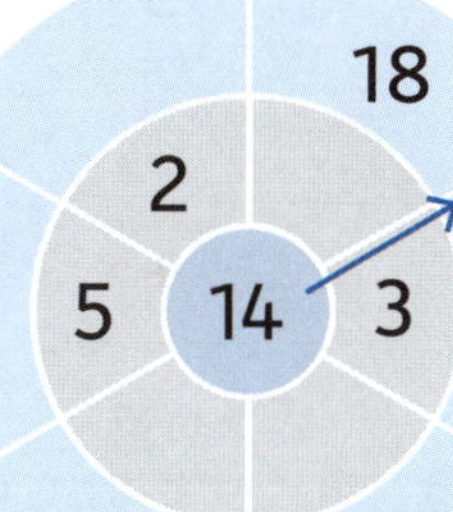

/12

7 Rechenkette: Rechne. Achte auf + und –.

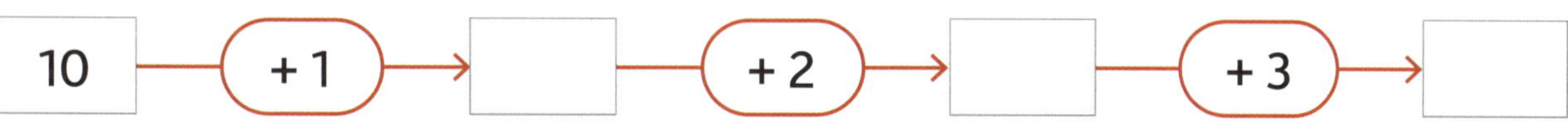

/ 9

Von 56 Punkten hast du ______ erreicht.

15. Plusaufgaben bis 20 mit Zehnerübergang

1 **Schreibe passende Plusaufgaben auf und rechne sie aus.**

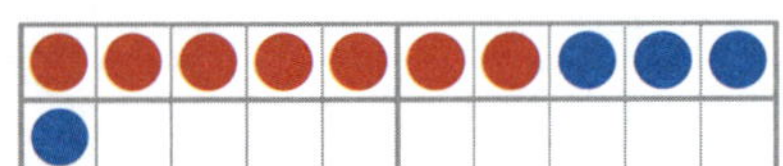

7 + 4 = ___

___ + ___ = ___

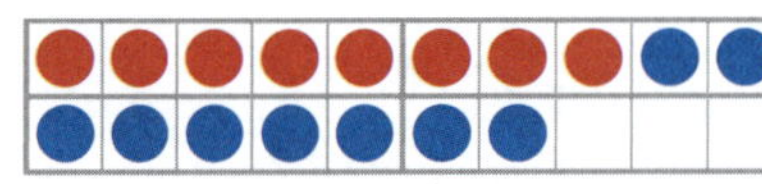

___ + ___ = ___

/ 5

2 **Rechne schrittweise über die 10. Ergänze zunächst bis zur 10.**

6 + 5 = ___
6 + 4 + 1 = ___

5 + 7 = ___
___ + ___ + ___ = ___

9 + 8 = ___
___ + ___ + ___ = ___

7 + 8 = ___
___ + ___ + ___ = ___

8 + 6 = ___
___ + ___ + ___ = ___

9 + 4 = ___
___ + ___ + ___ = ___

/11

3 **Rechne.**

7 + 5 = ___	8 + 7 = ___	3 + 8 = ___
8 + 4 = ___	9 + 5 = ___	5 + 9 = ___
9 + 2 = ___	8 + 5 = ___	4 + 7 = ___

/ 9

4 **Schreibe die Aufgabenreihe passend weiter. Rechne.**

8 + 2 = ___	7 + 10 = ___	1 + 12 = ___
8 + 3 = ___	6 + 10 = ___	2 + 11 = ___
8 + 4 = ___	5 + 10 = ___	3 + 10 = ___
8 + ___ = ___	4 + ___ = ___	4 + ___ = ___
___ + ___ = ___	___ + ___ = ___	___ + ___ = ___

☐ /12

5 **Verdopple. Ergänze die Tabelle.**

die Zahl	4	3	10	9	7	6	8
das Doppelte	8						

☐ / 6

6 **Wie viele Tierbeine sind es?**

 2 Spinnen → ☐ Beine

 2 Bienen → ☐ Beine

 3 Vögel → ☐ Beine

 5 Fische → ☐ Beine

☐ / 4

7 **Heute spielen 5 Mädchen und 7 Jungen zusammen Fußball.**

Frage: Wie viele Kinder spielen zusammen Fußball?

Rechne: ___________________________

Antworte: ☐ Kinder spielen zusammen.

☐ / 2

Von 49 Punkten hast du ______ erreicht.

16. Minusaufgaben bis 20 mit Zehnerübergang

1 <u>Schreibe</u> passende Minusaufgaben auf und <u>rechne</u> sie aus.

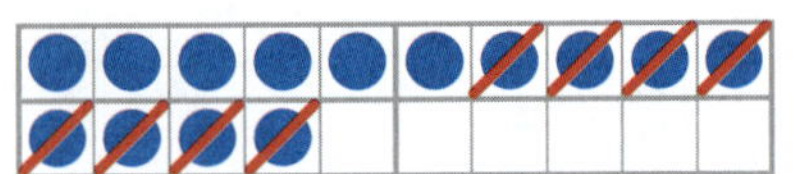

14 – 8 = ☐

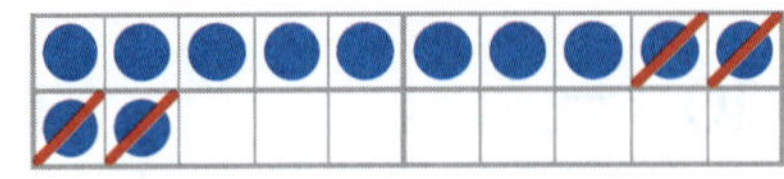

☐ – ☐ = ☐

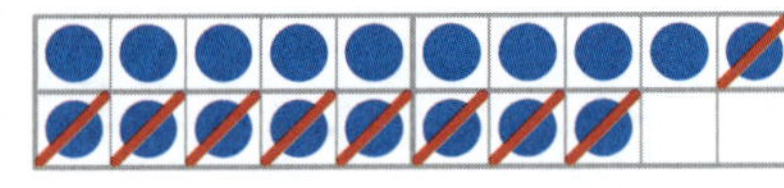

☐ – ☐ = ☐

☐ / 5

2 <u>Rechne</u> minus in zwei Schritten: <u>Erst zur 10</u>, dann weiter.

13 – 4 = ☐
13 – 3 – 1 = ☐

15 – 8 = ☐
☐ – ☐ – ☐ = ☐

16 – 9 = ☐
☐ – ☐ – ☐ = ☐

11 – 6 = ☐
☐ – ☐ – ☐ = ☐

17 – 9 = ☐
☐ – ☐ – ☐ = ☐

12 – 7 = ☐
☐ – ☐ – ☐ = ☐

☐ / 11

3 <u>Rechne</u>. <u>Male</u> passend zum Ergebnis die Karten an: rot, blau oder gelb.

11 – 3 | 13 – 6 | 16 – 7 | 14 – 6 | 12 – 5 | 15 – 6

7 | 8 | 9

☐ / 6

4 Ergänze und rechne die Aufgabenreihen.

10 – 2 = ____	12 – 6 = ____	20 – 1 = ____
10 – 3 = ____	13 – 6 = ____	19 – 2 = ____
10 – ____ = ____	14 – ____ = ____	18 – 3 = ____
____ – ____ = ____	____ – ____ = ____	____ – ____ = ____

☐ /10

5 Rechne: Welche Zahlen gehören in die Kästchen?

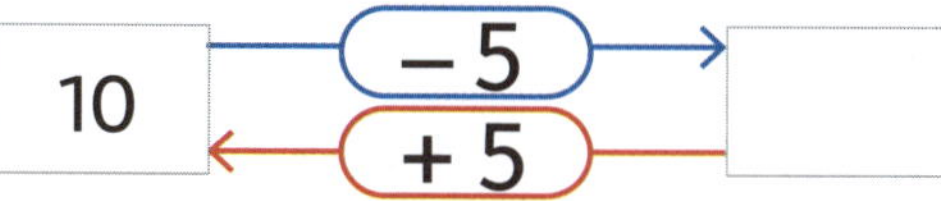

☐ – 2 / + 2 → 9

12 – 7 / + 7 → ☐

☐ – 8 / + 8 → 5

14 – 6 / + 6 → ☐

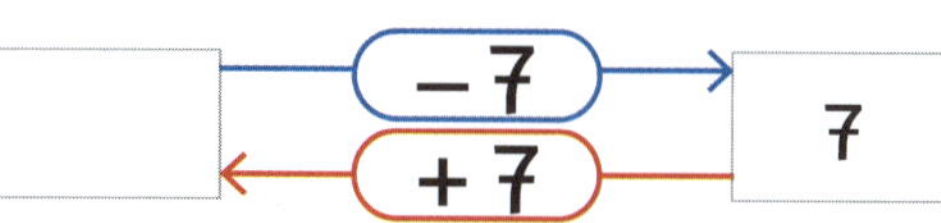

☐ / 6

6 Halbiere. Ergänze die Tabelle.

die Zahl	6	2	8	12	16	20	14
die Hälfte	3						

☐ / 6

7 Zahlenrätsel

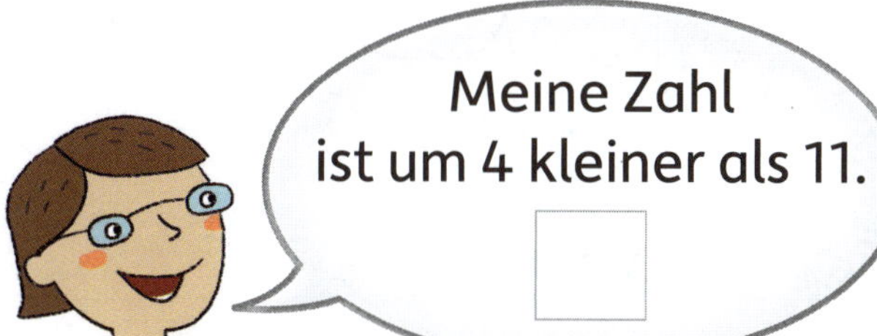

Meine Zahl ist um 4 kleiner als 11. ☐

Meine Zahl ist halb so groß wie 18. ☐

☐ / 2

Von 46 Punkten hast du ______ erreicht.

17. Rechnen bis 20 mit Zehnerübergang

1 **Rechne. Achte auf + und –.**

12 + 2 = ____ 20 – 6 = ____ 19 – 7 = ____

15 + 4 = ____ 13 – 2 = ____ 13 + 6 = ____

11 + 6 = ____ 16 – 5 = ____ 18 – 8 = ____

☐ /9

2 **Rechentabellen: Ergänze alle Lücken.**

+	2	5	8	10
5	7			
8				

–	3	5	7	9
16	13			
12				

☐ /14

3 **Male rot dazu, was fehlt. Schreibe die Rechnung passend dazu.**

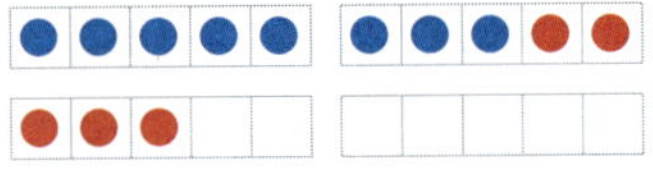

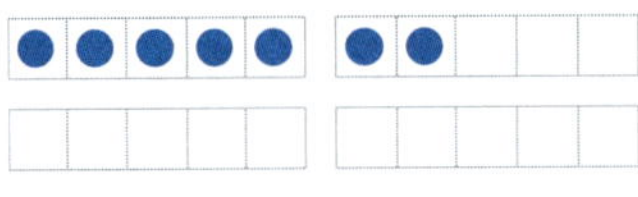
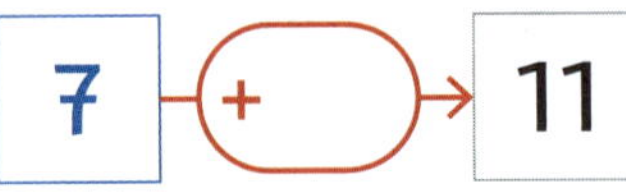

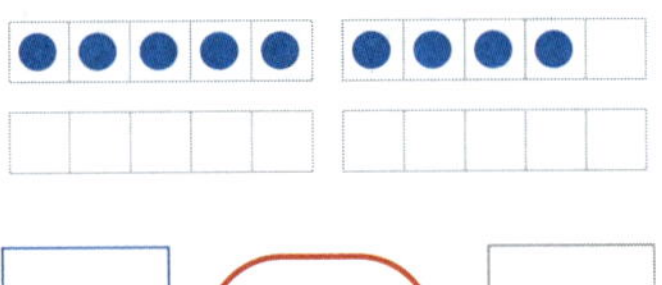

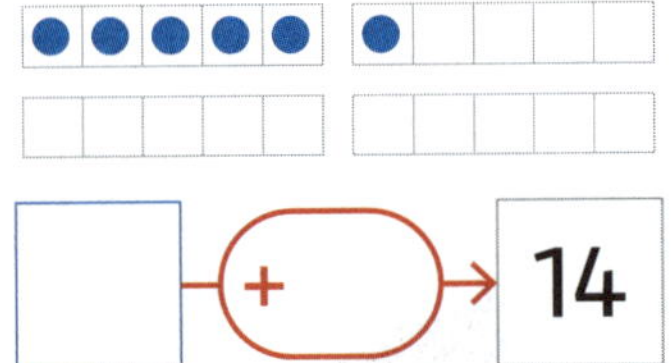

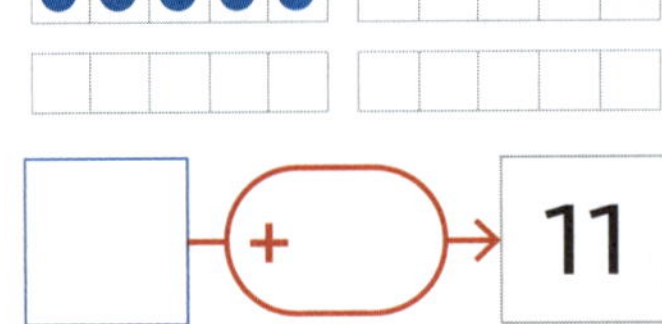

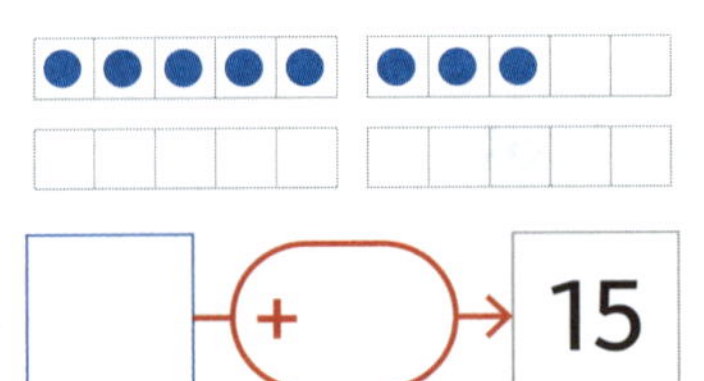

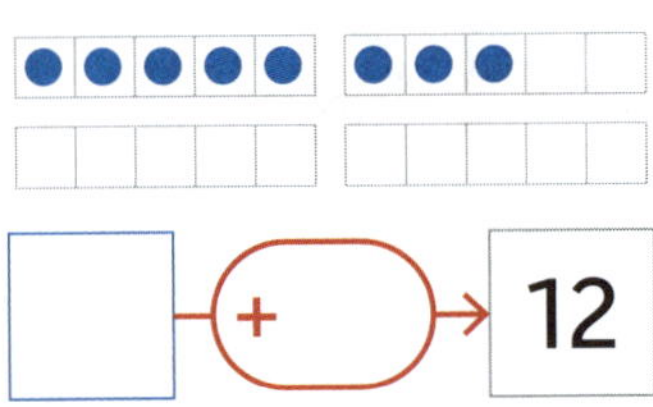

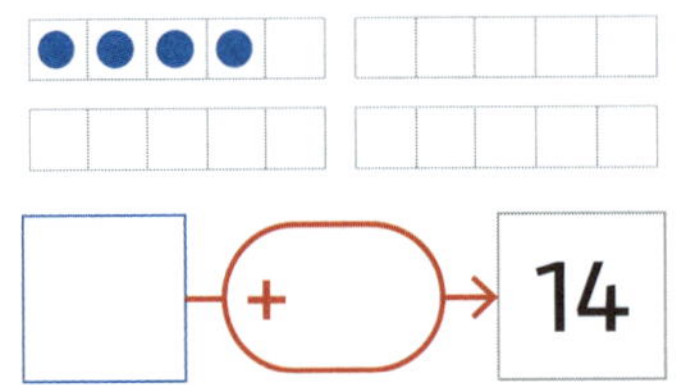

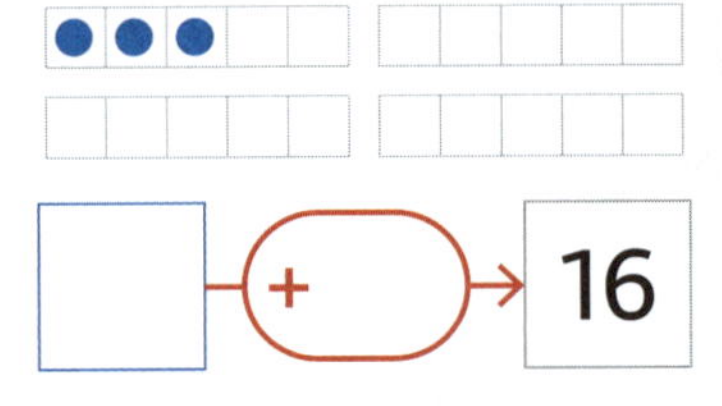

☐ /8

4 **Rechne schlau.**

5 + 3 + 5 = ____ 6 + 8 + 4 = ____

4 + 9 + 1 = ____ 2 + 7 + 3 = ____

8 + 2 + 9 = ____ 3 + 1 + 9 = ____

☐ / 6

5 **In die Klasse 1a gehen 8 Mädchen und 9 Jungen.**

Frage: Wie viele Kinder gehen in die Klasse 1a?

Rechne: ____________________

Antworte: ☐ Kinder gehen in die Klasse 1a.

☐ / 2

6 **15 Kinder sitzen im Bus. Bei der Haltestelle steigen 7 Kinder aus.**

Frage: Wie viele Kinder sind jetzt noch im Bus?

Rechne: ____________________

Antworte: ☐ Kinder sind jetzt noch im Bus.

☐ / 2

7 **In die Klasse 1b gehen 10 Mädchen und 10 Jungen.**
Heute sind 2 Kinder krank und nicht da.

Frage: Wie viele Kinder sind heute in der Klasse 1b?

Rechne: ____________________

Antworte: ☐ Kinder sind heute da.

☐ / 2

Von 43 Punkten hast du ______ erreicht.

18. Schaubilder

1 Hanna zählt die Tiere auf einem Bauernhof. Male unten dazu passend Kästen im Schaubild an.

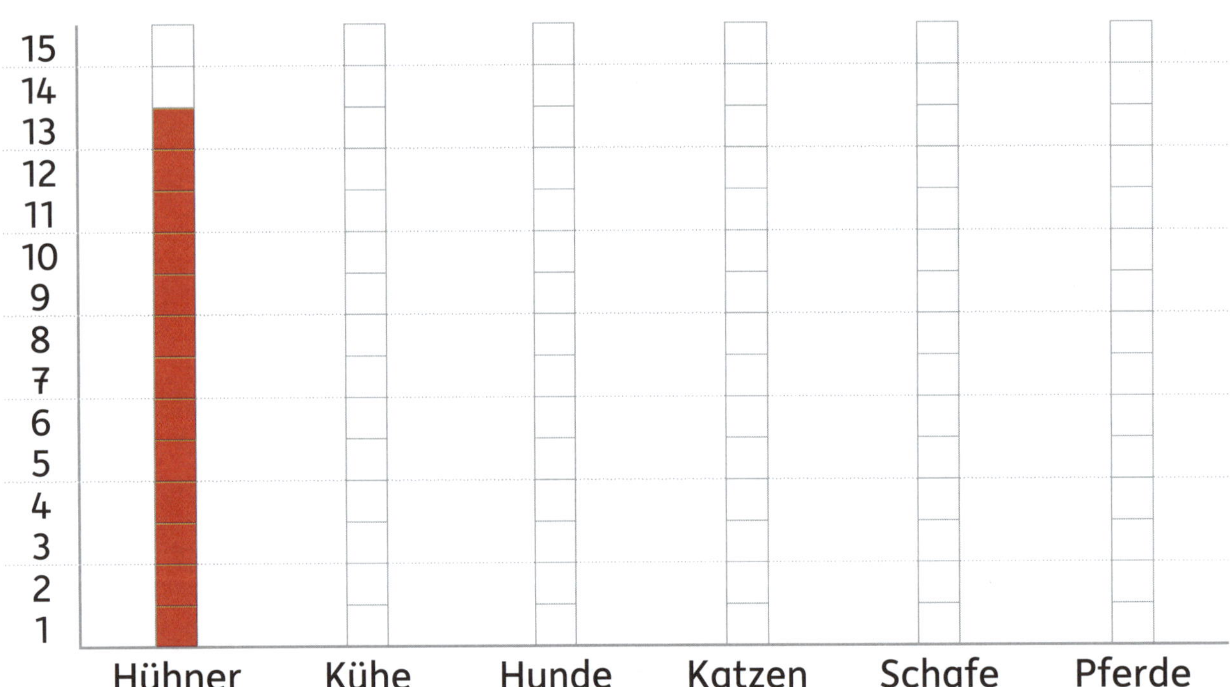

☐ / 5

2 Richtig oder falsch? Kreuze an.

	richtig	falsch
Es gibt neun Pferde.	◯	◯
Hühner gibt es am meisten.	◯	◯
Es gibt genauso viele Pferde wie Katzen.	◯	◯
Es gibt weniger Schafe als Kühe.	◯	◯
Katzen gibt es am wenigsten.	◯	◯

☐ / 5

3 Die Kinder der Klasse 1a haben über Haustiere geredet. Jedes Kind hat für jedes seiner Haustiere einen Strich in der Tabelle gemacht.

					Ich habe kein Haustier!
IIII	II	~~IIII~~			~~IIII~~ III

a **Zeichne passend zu den Sätzen oben bei und Striche ein.**

Es gibt 3 Mäuse als Haustiere.

Es gibt 2 Katzen als Haustiere.

☐ / 2

b **Ergänze Zahlen und einen Tiernamen passend zur Tabelle oben.**

☐ Kinder haben kein Haustier.

Es gibt ☐ Meerschweinchen als Haustiere.

Es gibt ☐ Hunde als Haustiere.

Am meisten gibt es ______ als Haustiere.

☐ / 4

Bei diesem Test musst du schon gut lesen können. Wenn das noch zu schwierig ist, lass dir die Aufgaben von einem Erwachsenen vorlesen.

Von 16 Punkten hast du ______ erreicht.

19. Uhrzeit

1 **Schreibe die Uhrzeit dazu.**

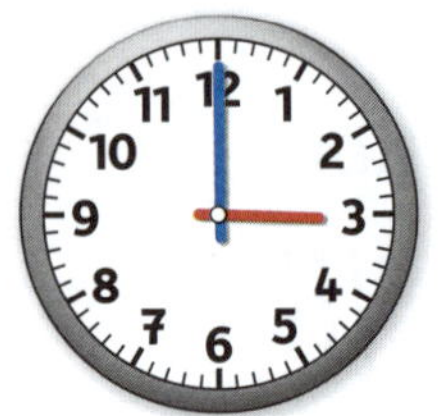    

____ Uhr ____ Uhr ____ Uhr ____ Uhr ____ Uhr

☐ / 5

2 **Zeichne die Uhrzeiger ein.**

6 Uhr 11 Uhr 9 Uhr 16 Uhr 14 Uhr

☐ / 5

3 **Verbinde jede Uhrzeit am Rand mit der passenden Uhr in der Mitte.**

☐ / 8

4 **Rechne aus.**

Es ist **6 Uhr.**

2 Stunden **früher** war es ____ Uhr. 4 Stunden **später** ist es ____ Uhr.

Es ist **14 Uhr.**

5 Stunden **früher** war es ____ Uhr. 3 Stunden **später** ist es ____ Uhr.

☐ / 4

5 **Linus geht ins Kino. Der Film beginnt um 15 Uhr. Er endet um 17 Uhr.**

KINO

Der Film dauert ☐ Stunden.

☐ / 1

6 **Mama arbeitet jeden Tag von 8 Uhr bis 15 Uhr.**

Sie arbeitet jeden Tag ☐ Stunden.

☐ / 1

7 **Um 9 Uhr geht Papa einkaufen. 3 Stunden später ist er wieder da.**

Jetzt ist es ☐ Uhr.

☐ / 1

Von 25 Punkten hast du ______ erreicht.

20. Rechnen mit Geld bis 20

1 <u>Manche</u> Zahlen sind falsch. <u>Streiche</u> sie durch und schreibe die richtige Zahl darunter.

/ 2

2 <u>Ordne</u> das Geld der Größe nach: Schreibe die Zahlen von <u>1 bis 5</u> dazu. Beginne mit dem kleinsten Wert.

/ 1

3 <u>Zeichne</u> passendes Geld zu den Dingen.

/ 4

4 **Beschrifte** das Geld passend.

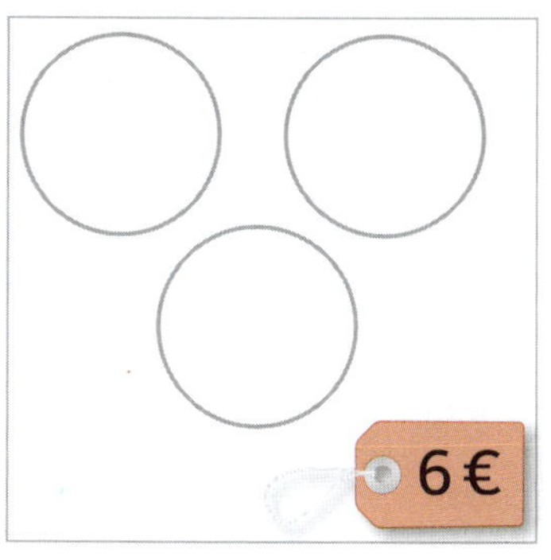

☐ / 3

5a **Zähle** das Geld.

€	€	€	€

☐ / 4

b Wer hat am **meisten** Geld? Kreise rot ein.
Wer hat am **wenigsten** Geld? Kreise blau ein.

☐ / 2

6 Immer **15 €**. Streiche überflüssiges Geld durch.

☐ / 2

Von 18 Punkten hast du ______ erreicht.

21. Rechnen mit Geld – Sachaufgaben

1 **Immer 10 €. Zeichne drei verschiedene Möglichkeiten.**

☐ / 3

2 **Zähle das Geld.**

☐ / 3

3 **Rechne mit Geld. Achte auf + und –.**

5 € + 3 € = ____ €	17 € – 5 € = ____ €	19 € – 9 € = ____ €
11 € + 8 € = ____ €	13 € – 4 € = ____ €	13 € – 7 € = ____ €
7 € + 5 € = ____ €	15 € – 9 € = ____ €	14 € – 8 € = ____ €

☐ / 9

4 **Vergleiche. Schreibe in den Kreis: >, < oder =.**

5 € ◯ 5 ct	5 € + 3 € ◯ 10 € – 2 €
19 € ◯ 20 €	18 € – 6 € ◯ 13 € + 0 €
9 ct ◯ 1 €	17 € – 14 € ◯ 20 € – 10 €

☐ / 6

5 Süßigkeiten kaufen

a Was kostet es? Zeichne passendes Geld darunter.

/ 3

b Wie viel bekommst du zurück? Rechne und schreibe auf.

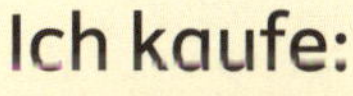

Ich habe:	Ich kaufe:	Ich rechne:
		____ € – ____ € = ____ € Ich bekomme ______ € zurück.
		____ ct – ____ ct = ____ ct Ich bekomme ______ ct zurück.
		______________________ Ich bekomme ______ ct zurück.

/ 3

Von 27 Punkten hast du ______ erreicht.

22. Schwierige Knobelaufgaben

1 Eis essen

Es gibt drei Sorten Eis: **Schoko**  **Erdbeere**  **Vanille** 

Laura möchte **2 Kugeln Eis** kaufen. Welche verschiedenen Möglichkeiten hat Laura? Male die Kugeln in den Schalen an.

☐ / 5

2 Du hast für jeden Turm einen roten, einen blauen und einen grünen Baustein. Male die Türme alle verschieden an.

☐ / 6

3 Male alle Kugeln jeweils rot oder blau an. Lies genau!

Ich habe **gleich viele rote** wie **blaue** Kugeln.

Ich habe **doppelt so viele rote** wie **blaue** Kugeln.

Ich habe **eine rote Kugel mehr als blaue Kugeln**.

☐ / 3

4 **Hier werden die Zahlen in jeder Zeile → und in jeder Spalte ↓ zusammengezählt. Zusammen ergibt es immer 11. Ergänze alle Zahlen.**

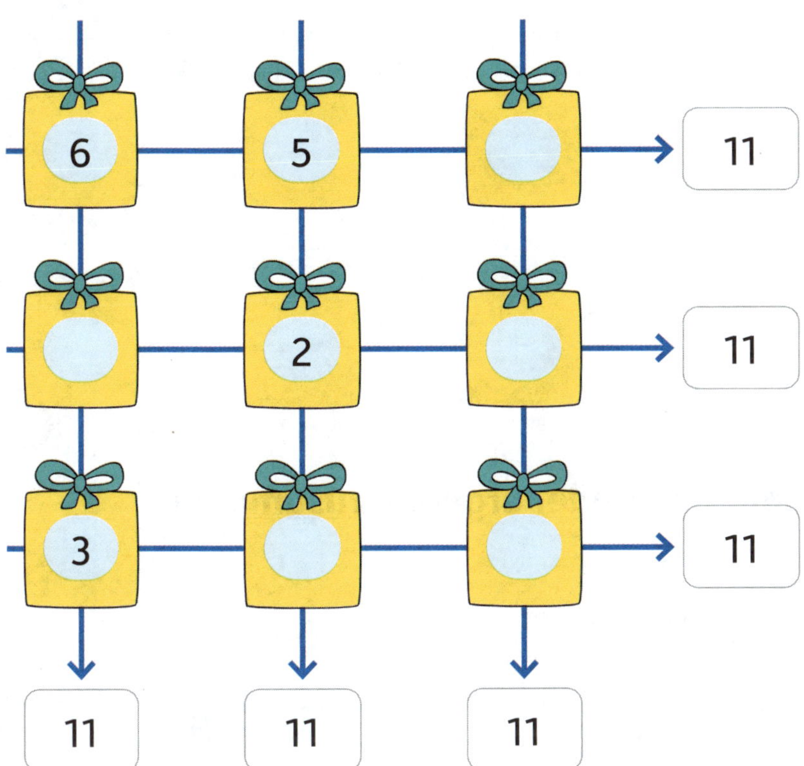

/ 5

5 **Jede gleiche Form steht für die gleiche Zahl. Finde alle Zahlen heraus und schreibe sie in jede Form.**

/ 5

Von 24 Punkten hast du ______ erreicht.

23. Quer durch die 1. Klasse

1 Immer zwei Zahlen sind zusammen 20. Verbinde sie.

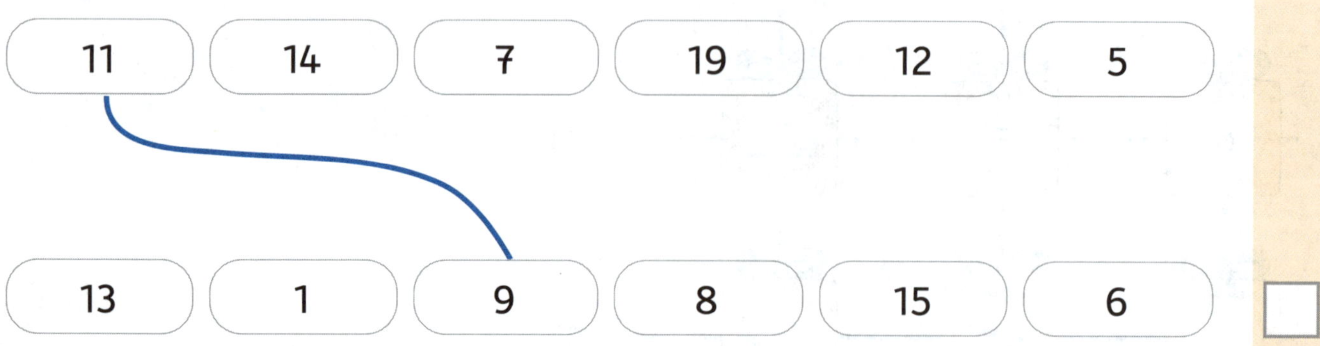

/ 5

2 Rechenmauern: Zwei Steine nebeneinander ergeben zusammen die Zahl darüber.

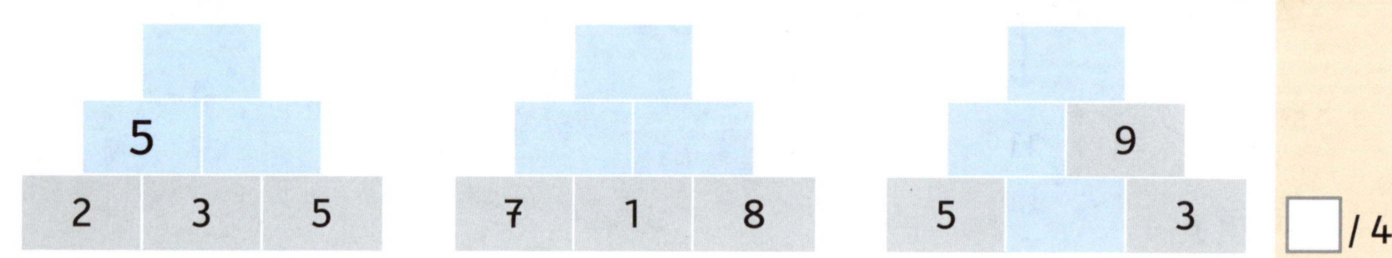

/ 4

3 Wie gehen die Aufgabenreihen weiter? Schreibe und rechne.

8 + 2 = ___	16 − 6 = ___	11 − 7 = ___
8 + 3 = ___	16 − 7 = ___	12 − 7 = ___
8 + ___ = ___	16 − ___ = ___	___ − 7 = ___

/ 6

4 Welche Zahlen fehlen in der Mitte? Rechne.

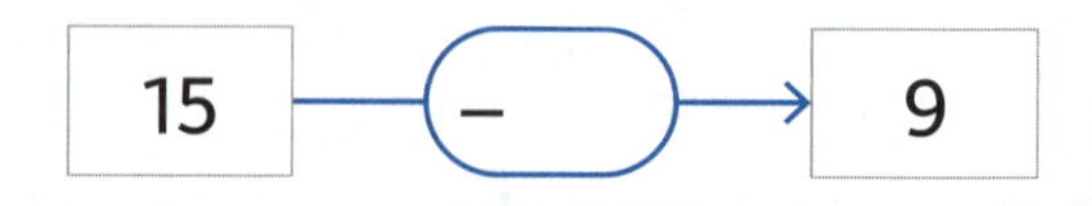

/ 6

5 Zahlenrätsel

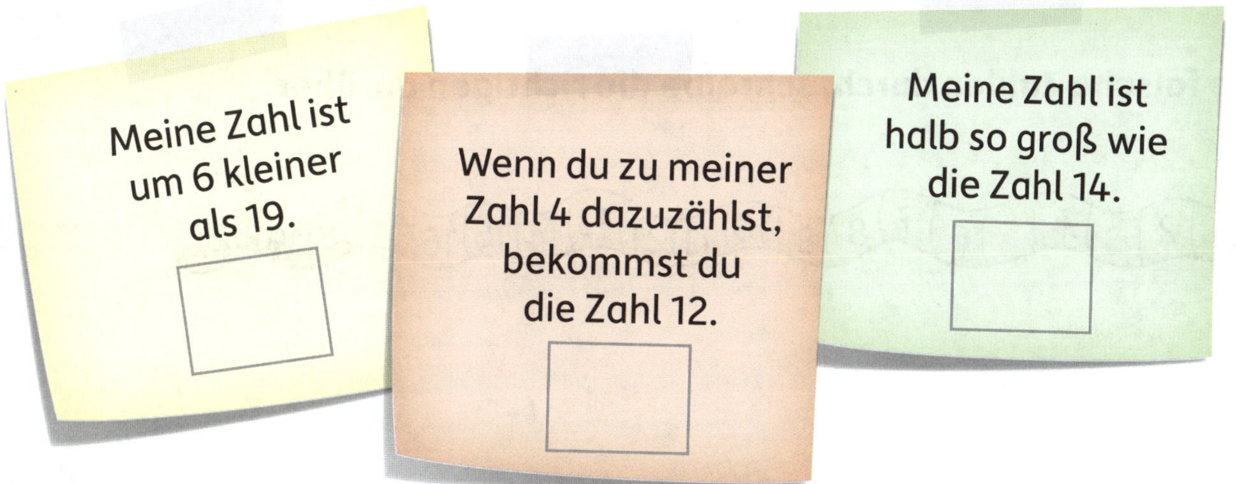

/ 3

6 Rechne aus. Welche Bilder passen zur Aufgabe? Kreise sie ein.

5 + 4 =

9 + 3 =

/ 8

Von 32 Punkten hast du ______ erreicht.

24. Quer durch die 1. Klasse

1 **Streiche falsche Zahlen durch, schreibe die richtigen darüber.**

/ 3

2 **Rechne.**

14 + 2 = ___	17 – 3 = ___	15 – 7 = ___
10 + 6 = ___	18 – 7 = ___	6 + 8 = ___
7 + 5 = ___	14 – 5 = ___	13 – 5 = ___

/ 9

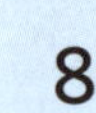

3 **Aufgabenfamilie: 3 Zahlen für 4 Rechnungen. Denke an Tauschaufgaben und Umkehraufgaben. Schreibe auf.**

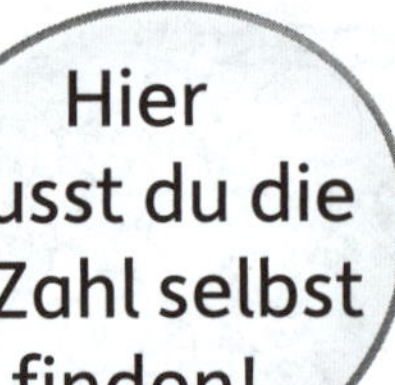

8 6 14

8 + 6 = 14
___ + ___ = ___
14 – ___ = ___
___ – ___ = ___

___ 9 17

___ + 9 = 17
___ + ___ = ___
17 – ___ = ___
___ – ___ = ___

/ 8

4 **Rechendreiecke: Welche Zahlen gehören in die Lücken?**

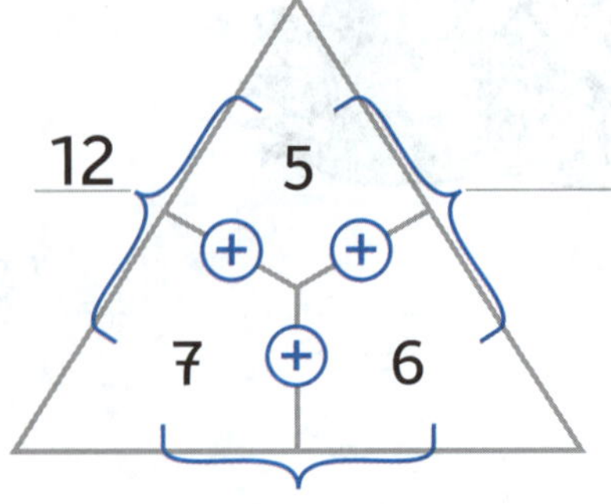

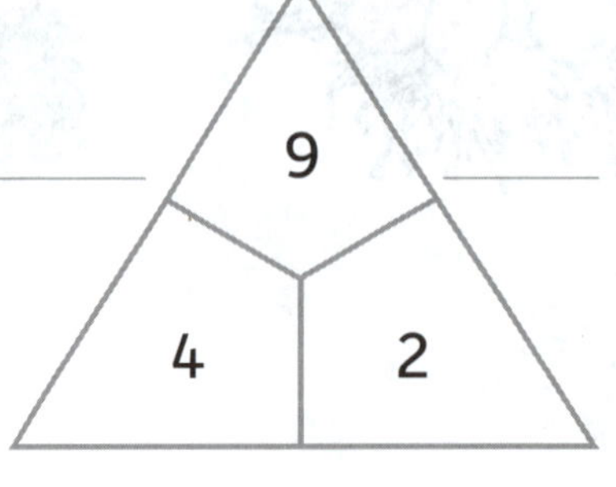

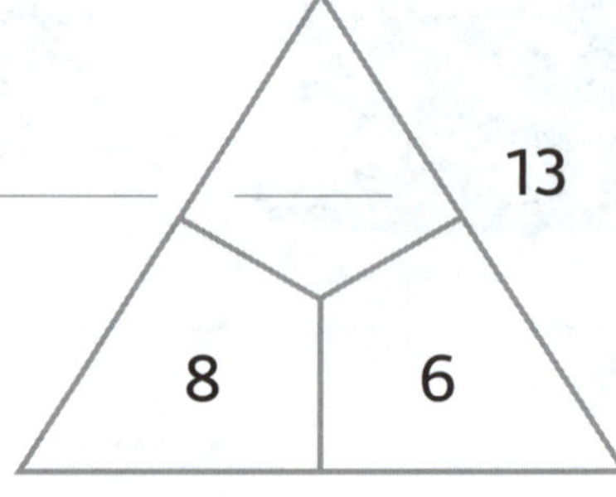

/ 8

5 Auf einer Wiese sind 2 Pferde und 2 Hühner.

Frage: Wie viele Tierbeine sind das zusammen?

Rechne: ______________________________

____

Antworte: Es sind ☐ Tierbeine zusammen. ☐ / 2

6 Leo hat 15 Steine gesammelt.
5 davon schenkt er Mia, 3 schenkt er Ben.

Frage: Wie viele Steine hat er noch?

Rechne: ______________________________

____

Antworte: Leo hat noch ☐ Steine. ☐ / 2

7 Tina geht mit ihrer Mama ins Kindertheater.

Erwachsene: 8 €
Kinder die Hälfte

Frage: Wie viel müssen sie bezahlen?

Rechne: ______________________________

____

Antworte: Sie müssen ☐ € bezahlen. ☐ / 2

Von 34 Punkten hast du ______ erreicht.

Das Wichtigste aus dem Mathematikunterricht der 1. Klasse

Zahlen

Mit den **Ziffern** 0, 1, 2, 3, 4, 5, 6, 7, 8 und 9 kannst du jede Zahl schreiben.

Die Zahl 14 besteht aus zwei Ziffern: 1 und 4.

Es gibt gerade und ungerade Zahlen.

Gerade Zahlen: 0, 2, 4, 6, 8, 10, 12, 14, 16, 18, 20 ...
Nur gerade Zahlen kannst du **halbieren**: 6 = 3 + 3 16 = 8 + 8 18 = 9 + 9

Ungerade Zahlen: 1, 3, 5, 7, 9, 11, 13, 15, 17, 19 ...

Zahlen darstellen

Mit **Einer**-Würfeln ■ und **Zehner**-Stangen ▬ (= 10 Einer-Würfel) kannst du die Zahlen bis 100 gut darstellen.

▬ ■■■■ = 1 Zehner 4 Einer = 1 Z 4 E = 14 ▬ ■■■■■■ = 1 Z 6 E = 16

Nachbarzahlen sind Zahlen, die um 1 kleiner oder größer sind als eine Zahl. Sie heißen auch **Vorgänger** und **Nachfolger**.

3	4	5	11	12	13
Vorgänger	Zahl	Nachfolger	Vorgänger	Zahl	Nachfolger

An einem **Zahlenstrahl** oder einer **Zahlenkette** kannst du jede Zahl finden.

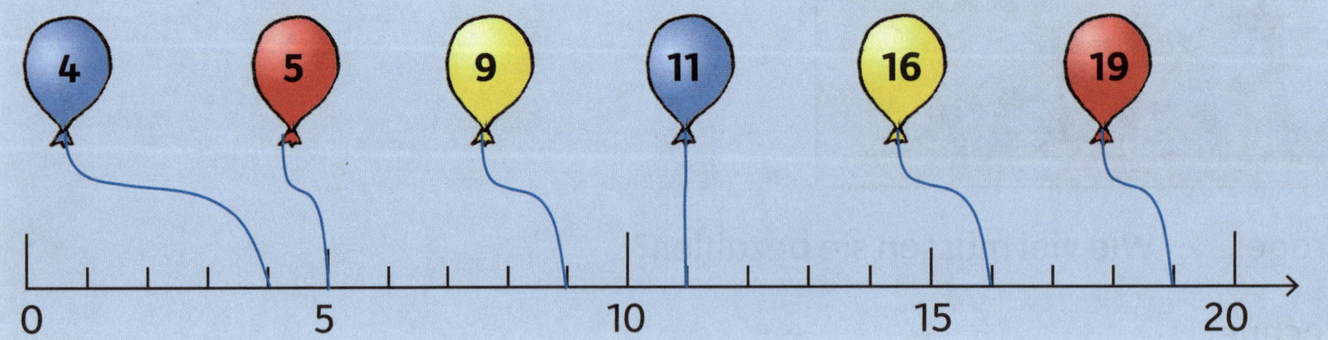

Zählen

Mit **Strichen** kannst du eine **Menge von Dingen** gut zählen: Für jedes gezählte Ding machst du einen Strich. Jeder 5. Strich wird quer über 4 Striche gezogen.

|||| = 4 𝍸 = 5 𝍸 𝍸 𝍸 || = 17

Zahlen vergleichen und ordnen

Zahlen kannst du mit den folgenden Zeichen in ihrer **Größe vergleichen**: **ist gleich** (=), **ist kleiner als** (<), **ist größer als** (>).

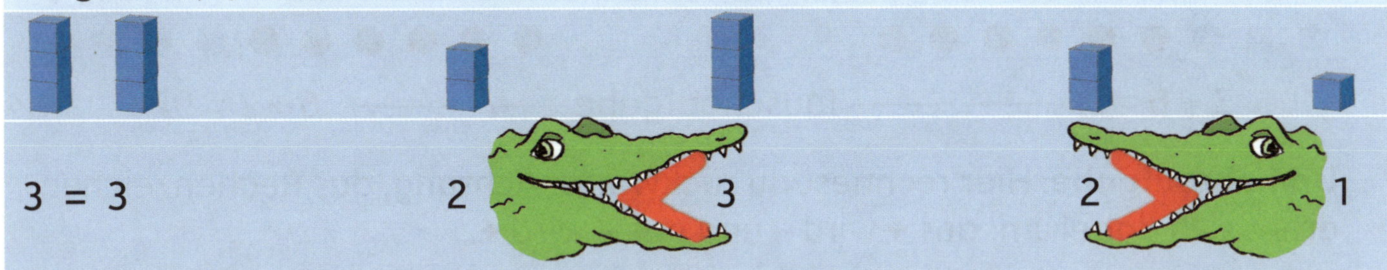

Mit **Ordnungszahlen** können wir eine Reihenfolge festlegen. Wir schreiben diese Zahlen mit einem Punkt und sprechen so: 1. = Erstens, Erste, Erster; 2. = Zweitens, Zweite, Zweiter; 3. = Drittens, Dritte, Dritter ...

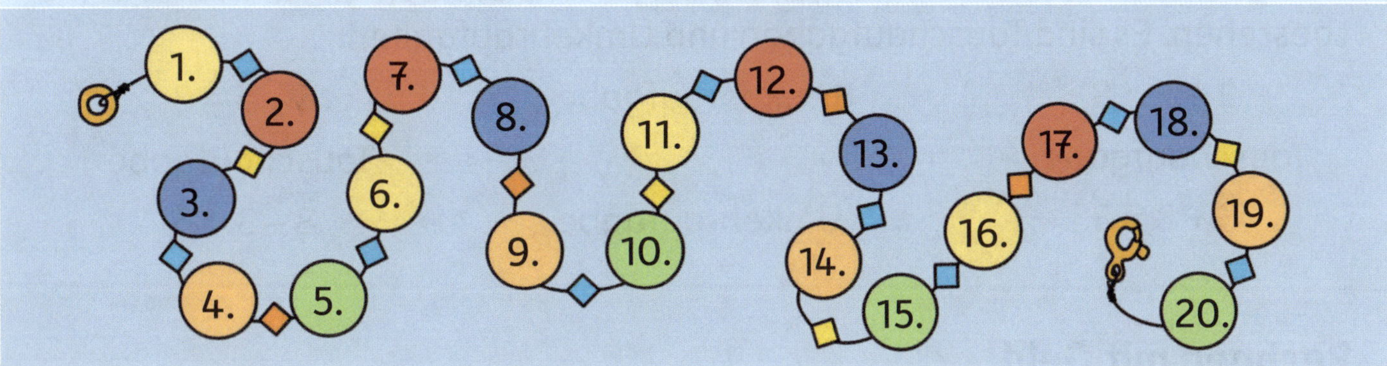

Rechnen

Plusrechnen: Das Pluszeichen (+) bedeutet: Es kommt etwas dazu oder zwei Mengen werden zusammengezählt.

6 + 2 = 8

Rechne schrittweise über die 10:

Zerlege die zweite Zahl.
Ergänze Einer bis zur 10.
Ergänze den Rest.

6 + 7 = 13

6 + 4 + 3 = 13

10

Andere Rechenwege:
6 + 6 + 1 = 13
6 + 10 – 3 = 13

Minusrechnen: Das Minuszeichen (–) bedeutet: Etwas wird weggenommen oder abgezogen.

7 – 3 = 4

Rechne schrittweise über die 10:

Zerlege die zweite Zahl.
Ziehe Einer ab bis zur 10.
Ziehe den Rest ab.

13 – 4 = 9

13 – 3 – 1 = 9

10

Rechenregeln

Tauschaufgaben: Bei Plusaufgaben kannst du die beiden Zahlen tauschen. Das **Ergebnis** bleibt gleich. Das kann dir beim Rechnen helfen.

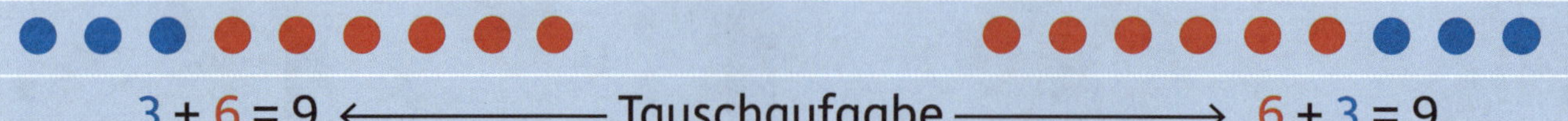

3 + 6 = 9 ⟵ Tauschaufgabe ⟶ 6 + 3 = 9

Umkehraufgabe: Hier rechnest du rückwärts. Achtung, das Rechenzeichen dreht sich dabei um: aus + wird – und aus – wird +.

5 + 2 = 7 ⟵ Umkehraufgabe ⟶ 7 – 2 = 5

Aufgabenfamilien sind 4 Aufgaben, die jeweils aus den gleichen drei Zahlen bestehen. Es sind Tauschaufgaben und Umkehraufgaben.

3 + 5 = 8	Umkehraufgabe	8 – 5 = 3
Tauschaufgabe		Tauschaufgabe
5 + 3 = 8	Umkehraufgabe	8 – 3 = 5

Rechnen mit Geld

In vielen Ländern Europas wird mit **Euro (€)** und **Cent (ct)** bezahlt. Hier siehst du alle Münzen und Scheine der Größe nach geordnet.

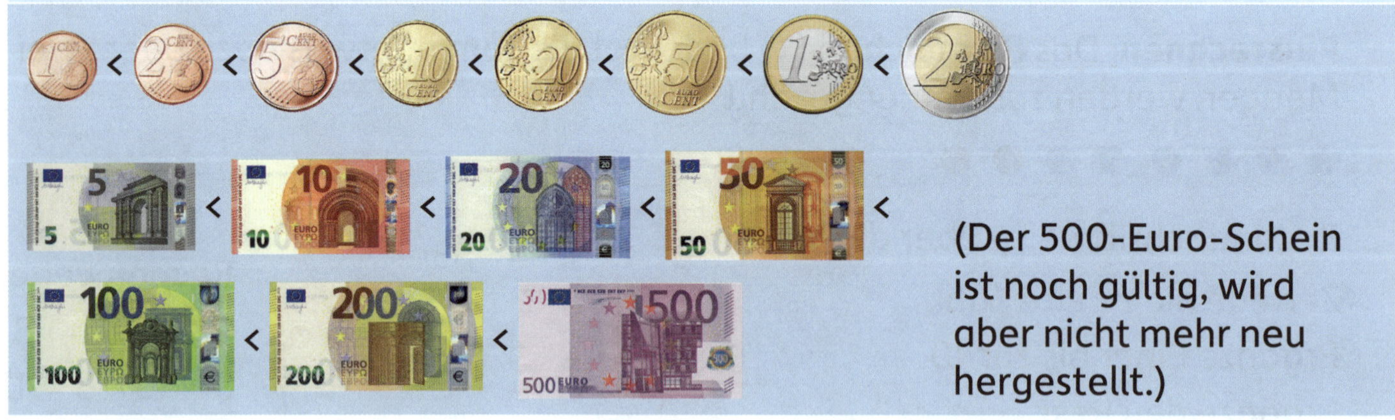

(Der 500-Euro-Schein ist noch gültig, wird aber nicht mehr neu hergestellt.)

Flächenformen

Ein Quadrat ist ein besonderes Rechteck: Seine vier Seiten sind gleich lang.